职业技术教育课程改革规划教材
光电技术应用技能训练系列教材

3D 打印技术基础

3D DAYIN JISHU JICHU

主 编 高 帆 杨海亮
参 编 李效利 马 喆 张立场
        李子艳 魏超英 戚永明
主 审 董 彪 朱 强

U0370068

华中科技大学出版社
http://www.hustp.com
中国·武汉

内 容 提 要

本书是职业技术教育课程改革规划教材,是参考中级工职业资格标准编写的。本书的主要内容包括走进 3D 打印、3D 实体建模、逆向工程、3D 打印工艺设计及后置处理。3D 打印让人们对未来充满了无穷的想象,用户可以将所想的概念融入产品中。为了便于教学,本书有配套的网络资源,选择本书作为教材的教师和读者可登录 www.ptc.com.cn 和 www.icve.com.cn 网站,注册后可免费下载相关资源。

本书可以作为职业院校 3D 打印技术应用专业和光电技术应用类专业的教材,也可以作为 3D 打印爱好者的入门教程,还可以作为科普类读物进行推广。

图书在版编目(CIP)数据

3D 打印技术基础/高帆,杨海亮主编.—武汉:华中科技大学出版社,2019.8
职业技术教育课程改革规划教材. 光电技术应用技能训练系列教材
ISBN 978-7-5680-5381-5

Ⅰ.①3… Ⅱ.①高… ②杨… Ⅲ.①立体印刷-印刷术-高等职业教育-教材 Ⅳ.①TS853

中国版本图书馆 CIP 数据核字(2019)第 189564 号

3D 打印技术基础
3D Dayin Jishu Jichu

高 帆 杨海亮 主编

策划编辑:祖 鹏 王红梅
责任编辑:朱建丽
封面设计:秦 茹
责任校对:李 弋
责任监印:徐 露
出版发行:华中科技大学出版社(中国·武汉)　　电话:(027)81321913
　　　　　武汉市东湖新技术开发区华工科技园　　邮编:430223
录　排:武汉市洪山区佳年华文印部
印　刷:武汉华工鑫宏印务有限公司
开　本:787mm×1092mm　1/16
印　张:9.5
字　数:225 千字
版　次:2019 年 8 月第 1 版第 1 次印刷
定　价:24.00 元

前　言

　　3D打印技术,即快速成形技术的一种,它是一种以数字模型文件为基础,运用粉末状金属或塑料等可黏合材料,通过逐层打印的方式来构造物体的技术。

　　本书的编写是推进职业教育信息化建设的重要尝试,是用现代信息技术改造职业教育传统教学模式的积极探索。职业教育的教学改革和信息化建设,依托产业发展和技术的不断更新及进步。本书在编写过程中突出前瞻性、互融性、多样性、趣味性、先进性。本书重点强调培养学生的创新思维和设计能力,并培养学生将设想变为产品的动手能力。本书编写模式新颖,采用团队通力协作、校企深度合作的模式。

　　本书在内容处理上主要有以下几点说明:①教学模式采用理实一体化教学;②课程安排在二年级更为合适;③学时可安排在90学时左右。

　　2018年3月31日,由武汉天之逸科技有限公司主办,华中科技大学出版社有限责任公司承办,全国几十家职业院校参与的"2018年激光加工技术中高职系列专业教材研讨会"上确立本书的编写任务。本书的编写是校企深度合作的成果,也是河南省特色示范专业建设的亮点之一。

　　本书在编写过程中,得到了武汉天之逸科技有限公司和杭州先临三维科技股份有限公司的大力支持,借助技术公司的支持,充分利用各种资源,完成这本适合中高职职业院校学生使用的教材。本书也可以作为科普类读物进行推广。由于时间仓促,书中难免存在错误和不足,希望广大读者给予批评指正。

编者

2019年3月

目　　录

项目一

走进 3D 打印

 项目描述

通过网络搜索来了解 3D 打印技术的发展简史和 3D 打印技术的现状,熟悉 3D 打印技术的分类。

脸部 3D 打印展示图如图 1-0-1 所示。

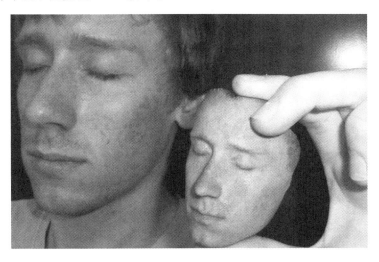

图 1-0-1　脸部 3D 打印展示图

 项目目标

【知识目标】

了解 3D 打印技术的发展简史和 3D 打印技术的现状,熟悉 3D 打印技术的分类。

【能力目标】

能够通过网络搜索 3D 打印技术相关知识。

【职业素养】

提高学生自我学习的能力。

 项目准备

【资源要求】

根据学生人数准备一个标准的机房,要求网络运行畅通。

【材料工具准备】

工作页和笔。

【相关资料】

与 3D 打印技术相关的教材及电子教案(相关图片和视频)等。

任务 1　了解 3D 打印技术的发展简史

【接受工作任务】

1. 引入工作任务

通过网络搜索相关知识来了解 3D 打印技术的发展简史。3D 打印技术模型展示图如图 1-1-1 所示。

图 1-1-1　3D 打印技术模型展示图

打开百度网页,搜索"3D 打印技术的发展简史",得到如图 1-1-2 所示图片。

2. 任务目标及要求

1) 任务目标

了解 3D 打印技术的发展简史。

图 1-1-2　通过百度搜索得到相关信息

2）任务要求

查阅相关资料以了解 3D 打印技术的发展简史。

【信息收集与分析】

（1）通过网络收集相关资料。

（2）分析、整理所收集的资料。

【制订工作计划】

为了解 3D 打印技术的发展简史，应制订工作计划，如表 1-1-1 所示。

表 1-1-1　任务 1 的工作计划

步　　骤	工　作　内　容

【任务实施】

1. 安全常识

了解 3D 打印技术的安全常识。

2．工具及资料准备

工作页和笔。

3．教师操作演示

（1）展示与3D打印技术发展的相关图片。

（2）播放与3D打印技术发展的相关视频。

4．学生操作

分小组展示自己对3D打印技术发展简史的认识。

5．工作记录

工作记录如表1-1-2所示。

表1-1-2　任务1的工作记录

序　号	工作内容	工作记录

工作后的思考：

【检验与评估】

1．教师考核

_____

_____

2．小组评价

_____

3. 自我评价

【知识拓展】

3D 打印思想起源于 19 世纪末的美国,并在 20 世纪 80 年代得以发展和推广。到 20 世纪 80 年代后期,美国科学家发明了一种可打印出 3D(三维)效果的打印机,并已将其成功推向市场,由此 3D 打印技术发展成熟并被广泛应用,实际上,该技术是通过光固化和纸层叠等技术的快速成形装置来构造物体的技术。3D 打印机与普通打印机的工作原理基本相同,3D 打印机内装有液体或粉末等"打印材料",与计算机连接后,通过计算机控制将"打印材料"一层层叠加起来,最终把计算机上的蓝图变成实物。这种打印技术称为 3D 打印技术。

我国的 3D 打印技术起步并不晚,像颜永年、王华明、王运赣、史玉升、卢秉恒等教授都是早期就加入该研究的先驱。总体而言,我国在核心技术上有先进的一面,但在产业化方面,发展还稍显滞后。经过 20 多年的发展,在该产业的发展上,美国、以色列、德国领跑全球,中国跟随其后。

随着智能制造的进一步发展,新的信息技术、控制技术、材料技术等不断被广泛应用到制造领域,3D 打印技术也被推向更高的层面。未来,3D 打印技术的发展将体现出精密化、智能化、通用化及便捷化等主要趋势。

3D 打印技术的发展趋势如下。

提升 3D 打印的速度、效率和精度,改进并行打印、连续打印、大件打印、多材料打印的工艺方法,提高成品的表面质量、力学和物理性能,以实现直接面向产品的制造;开发更为多样的 3D 打印材料,如智能材料、功能梯度材料、纳米材料、非均质材料及复合材料等,特别是金属材料直接成形技术有可能成为今后研究与应用的一个热点;3D 打印机小型化、桌面化,成本更低廉,操作更简便,更加适应分布式生产、设计与制造一体化的需求及家庭日常应用的需求;软件集成化,实现 CAD/CAPP/RP 的一体化,使设计软件和生产控制软件能够无缝对接,实现设计者直接联网控制的远程在线制造;拓展 3D 打印技术在生物、医学、建筑、车辆、服装等行业领域的创造性应用。

【思考与练习】

设想应该为 3D 打印技术的发展作出什么样的贡献?

任务 2　了解 3D 打印技术的现状

【接受工作任务】

1. 引入工作任务

了解 3D 打印技术的现状。手枪 3D 打印展示图如图 1-2-1 所示。

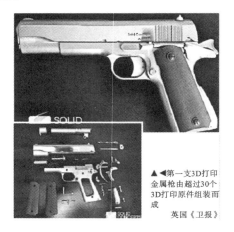

▲◀第一支3D打印金属枪由超过30个3D打印原件组装而成

英国《卫报》

图 1-2-1　手枪 3D 打印展示图

2. 任务目标及要求

1）任务目标

了解 3D 打印技术的现状。

2）任务要求

了解 3D 打印技术的意义。

【信息收集与分析】

（1）通过网络收集相关资料。

（2）分析整理所收集的资料。

【制订工作计划】

为了解 3D 打印技术的现状，应制订工作计划，如表 1-2-1 所示。

表 1-2-1　任务 2 的工作计划

步　骤	工　作　内　容

【任务实施】

1. 安全常识

了解 3D 打印技术的安全常识。

2. 工具及资料准备

工作页和笔。

3. 教师操作演示

运用多媒体讲解第三次工业革命及3D打印技术的现状等相关知识。

4. 学生操作

分小组整理有关3D打印技术与第三次工业革命的关系,整理3D打印技术的现状。

5. 工作记录

工作记录如表1-2-2所示。

表 1-2-2　任务 2 的工作记录

序　号	工 作 内 容	工 作 记 录

工作后的思考:

【检验与评估】

1. 教师考核

_____

_____

2. 小组评价

_____

_____

3. 自我评价

_____

_____

_____

【知识拓展】

2012年4月21日,在英国《经济学人》上刊登《第三次工业革命》一文,认为3D打印技术将与其他数字化生产模式一起,推动第三次工业革命。

2012年8月16日,美国"国家增材制造创新中心"成立。该中心号称要成为增材制造技术全球卓越中心,作为新技术研究、开发、示范、转移和推广的基础平台,提升美国制造全球竞争力。

3D打印机的出现是对生产方式的革新,使设计者与产品之间建立了直接联系。一方面保证了设计者的想法、创意能够原汁原味地被体现出来,另一方面可以大大降低制作成本。随着科技的不断进步,3D打印技术使得大规模制造变为可能。

总体来说,理想很丰满,现实很骨感。理论上讲,能设计或想象出来的物体,全部能打印出来。相信在未来,3D打印技术确实能改变几乎整个制造业。但现在,3D打印技术及其产业还很不成熟,仍然处于"拓荒阶段",替代不了传统制造业。目前3D打印技术具有制造物体周期短、适应单件个性化需求的特点,在大型薄壁件、蜂窝状复杂结构部件、钛合金等难加工、易热成形零件制造方面具有较大优势。但也只是对传统制造业的补充,是"锦上添花"的技术。现在,3D打印技术存在着制造成本高、制造效率低、制造精度尚不能令人满意、工艺与装备研发不充分、尚未进入大规模工业应用等方面的问题。因此,不能把3D打印"万能化",更无法代替传统制造业。现今的3D打印技术还不能打印超过1000个零部件的产品,打印材料昂贵而且有限,打印尺寸也受限制,打印出的产品,在力学强度、电气特性等暂时都无法与传统制造业的产品相抗衡。现今,3D打印技术只有跟传统制造业改造与提升相结合,才有更大生存空间。

【思考与练习】

简述3D打印技术与传统制造业的关系。

任务3　3D打印技术的分类

【接受工作任务】

1. 引入工作任务

工业级3D打印机如图1-3-1所示。

2. 任务目标及要求

1)任务目标

3D打印技术分类。

2)任务要求

(1)按照成形技术分类。

图 1-3-1　工业级 3D 打印机

（2）按照打印材料分类。

（3）按照应用领域分类。

【信息收集与分析】

（1）通过网络收集相关资料。

（2）分析整理所收集的资料。

【制订工作计划】

为 3D 打印技术分类制订工作计划，如表 1-3-1 所示。

表 1-3-1　任务 3 的工作计划

步　　骤	工　作　内　容

【任务实施】

1.　安全常识

了解 3D 打印技术安全生产的相关知识。

2.　工具及资料准备

工作页和笔。

3.　教师操作演示

3D 打印技术的分类如表 1-3-2 所示。

表 1-3-2　根据加工方式对 3D 打印技术分类

序号	加工方式	简　称	主要加工对象	加工方式简介
1	选择性激光烧结成形技术	SLS 技术	热塑性塑料、金属粉末、陶瓷粉末	利用激光照射材料,使材料熔融后烧结成形
2	熔融沉积成形技术	FDM 技术	热塑性塑料、金属、蜡、可食用材料	对热熔性材料加热融化,通过喷头挤出,而后固化成形
3	分层实体制造技术	LOM 技术	纸、金属膜、塑料薄膜	让一层层被加工材料相互黏合,然后切割成形
4	粉末黏结成形技术	3DP 技术	陶瓷粉末、金属粉末、塑料粉末、石膏粉末	铺设粉末,然后喷射黏合剂,让材料粉末黏结成形
5	电子束熔化成形技术	EBM 技术	金属	电子束轰击材料,使材料熔融后烧结成形
6	立体光固化成形技术	SLA 技术	光敏树脂	紫外线或其他光源照射使其凝固成形,逐层固化

4. 学生操作

各小组采用思维导图的形式来展现 3D 打印技术的分类。

5. 工作记录

工作记录如表 1-3-3 所示。

表 1-3-3　任务 3 的工作记录

序　号	工 作 内 容	工 作 记 录

工作后的思考:

【检验与评估】

1. 教师考核

_____

_____

_____

2. 小组评价

_____

_____

_____

3. 自我评价

_____

_____

_____

【知识拓展】

3D 打印技术的分类：3D 打印技术实际上是一系列快速成形技术的总称，其基本原理都是叠层制造，由快速原型机在平面 XOY 内通过扫描得到工件的截面，而在 Z 坐标上作连续地层面厚度的位移，最后构成 3D 制件。

从成形技术、应用领域、打印尺寸精度、打印材料等方面对 3D 打印机进行分类。

1. 按照成形技术分类

当前市场上的快速成形技术分为 3DP 技术、FDM 技术、SLA 技术、SLS 技术、DLP 技术和 UV 成形技术等。

1）3DP 技术

选用具有 3DP 功能的 3D 打印机，运用规范喷墨打印技能，将液态连接体铺放在粉末薄层上，以打印横截面数据的办法逐层创立各部件，再由各部件组合成 3D 实体模型，选用这种功能打印成形的样品模型与实践产物具有相同的颜色，模型样品所传递的信息较大。

2）FDM 技术

FDM 技术是将丝状的热熔性材料加热消熔，在计算机的操控下，依据截面信息，3D 喷头将材料有选择性地涂敷在作业台上，材料快速冷却后构成一层截面。一层成形完成后，机器作业台降低一个高度（分层厚度）再让下一层成形，直至构成整个实体外型。其成形材料品种多，成形件强度高、精度较高。这种技术适用于成形小塑料件。

3）SLA 技术

SLA 技术以光敏树脂为材料，经过计算机操控激光按零件的各分层截面信息在液态的光敏树脂外表进行逐层扫描，被扫描区域的树脂薄层因光聚合反应而发生固化，构成零件的一个薄层。一层固化完成后，作业台下移一个分层厚度，然后在原先固化好的树脂外表再敷上一层新的液态树脂，直至得到 3D 实体模型为止。该办法成形速度快，自动化程度高，可使形状不规则、精度高的精密工件快速成形。

4）SLS 技术

SLS 技术采用红外激光器作能源,使用的造型材料多为粉末材料。加工时,首先将粉末预热到稍低于其熔点的温度,然后在刮平棍子的作用下将粉末铺平;激光束在计算机控制下根据分层截面信息进行选择烧结,一层完成后再进行下一层烧结,全部烧结完后去掉多余的粉末,就可以得到一个烧结好的零件。目前成熟的工艺材料有蜡粉和塑料粉末。用金属粉末或陶瓷粉末进行烧结的工艺还在研究之中。该技术制造工艺简单,材料挑选范围广,成本较低,成形速度快,主要应用于铸造业直接制造快速模具。

5）DLP 技术

DLP 技术和 SLA 技术比较相似,不过它是运用高分辨率的数字光处理器(DLP)投影仪来固化液态光聚合物的,逐层地进行光固化,因为每层固化时经过幻灯片似的片状固化,因而速度比同类型的 SLA 技术的速度快。该技术成形精度高,其产品在材料特点、细节和外表粗糙度方面可与注塑成形的塑料部件媲美。

6）UV 成形技术

UV 成形技术和 SLA 技术类似,不一样的是它使用 UV 照射液态光敏树脂,一层一层由下而上固化成形,成形的过程中没有噪声发生,在同类技术中成形的精度最高,一般应用于精度需求高的珠宝和手机外壳等行业。

2. 按照应用领域分类

按照应用领域,3D 打印机一般可分为 4 类:桌面级 3D 打印机、多色桌面级 3D 打印机、工业级 3D 打印机、多色工业级 3D 打印机。工业级 3D 打印机的精度虽然可以精确到几微米,但其价格高达几十万元甚至上百万元。这种费用一般家庭很难接受,相对来说,桌面级 3D 打印机比较亲民,其价格在几千元到几万元之间。

【思考与练习】

对实验室内各 3D 打印机进行分类。

项目二

3D 实体建模

 项目描述

　　任务 1、任务 2 使用软件 CAXA 制造工程师 2013 完成。CAXA 制造工程师 2013 采用精确的特征实体造型技术,可将设计信息用特征术语来描述,简便、准确。通常的特征包括孔、槽、型腔、凸台、圆柱体、圆锥体、球体和管子等,CAXA 制造工程师 2013 可以方便地建立和管理这些特征信息。实体模型的生成可以用增料方式,通过拉伸、旋转、导动、放样或加厚曲面来实现,也可以通过减料方式从实体中减掉实体或用曲面裁剪来实现,还可以用等半径过渡、变半径过渡、倒角、打孔、增加起模斜度和抽壳等高级特征功能来实现。

　　任务 3、任务 4 用软件 PTC Creo Parametric 3.0 完成,PTC Creo Parametric 3.0 建立在经过验证的 Pro/Engineer 技术的基础上,为详细设计过程提供了最新、最具创新性的 3D、CAD 功能。无论模型有多复杂,都能创建精确的几何图形,快速构建可靠的工程特征,如倒圆角、倒角、孔等。该软件自动创建草绘尺寸,从而能快速、轻松地进行重用。

 项目目标

【知识目标】

　　了解 CAD/CAM 系统,掌握 CAXA 制造工程师 2013 和 PTC Creo Parametric 3.0 中的相关概念、用户界面、基本命令、快捷键。

【能力目标】

　　学习实体零件建模的方法,对 CAXA 制造工程师 2013 和 PTC Creo Parametric 3.0 的功能有整体的了解,为完成实训技能奠定必要的基础。

【职业素养】

　　重点强调培养学生的思维创造和设计能力,并培养学生将设想变为产品的动手能力,提高学生的自我学习能力。

 项目准备

【资源要求】

根据学生人数准备一个标准的机房。

【材料工具准备】

计算机、教材和笔等。

【相关资料】

CAXA 制造工程师 2013 和 PTC Creo Parametric 3.0 相关教材及电子教案，相关图片和视频等。

任务 1　咖啡杯的实体造型

【接受工作任务】

1. 引入工作任务

实训范例咖啡杯的实体造型如图 2-1-1 所示，截面尺寸如图 2-1-2 所示。

图 2-1-1　咖啡杯的实体造型

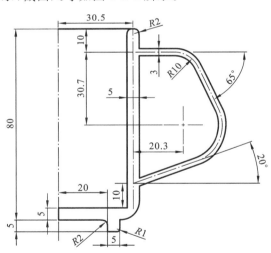

图 2-1-2　咖啡杯截面尺寸图

2. 任务目标及要求

1）任务目标

该任务的实训可使学生了解 CAD/CAM 系统，掌握 CAXA 制造工程师 2013 中的相关概念、用户界面、基本命令、快捷键等。

2）任务要求

（1）熟悉"曲线生成栏"的命令功能。

（2）了解"曲面裁剪除料"等功能。

（3）掌握"旋转增料"、"导动增料"的命令功能。

【信息收集与分析】

（1）通过网络收集相关资料。

（2）分析、整理所收集的资料。

【制订工作计划】

为咖啡杯的实体造型制订工作计划，如表 2-1-1 所示。

表 2-1-1　任务 1 的工作计划

步　　骤	工 作 内 容

咖啡杯实体造型操作流程图如图 2-1-3 所示。

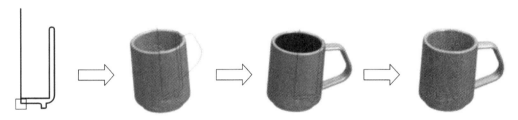

图 2-1-3　咖啡杯实体造型操作流程图

【任务实施】

1．安全常识

了解计算机安全用电常识。

2．工具及资料准备

计算机、教材和笔。

3．教师操作演示

1）绘制平面图形

根据图 2-1-2 所示的截面尺寸在平面 OXY 上绘制平面图形。

按"F5"快捷键,显示平面OXY,单击"直线"图标 ∕ ,在"立即菜单"中选择"两点线"→"连续"→"正交"→"点方式",捕捉坐标原点,光标上移并在合适的位置单击,绘制直线1;在"立即菜单"中选择"两点线"→"连续"→"正交"→"长度方式",在"长度"一栏中输入"33",回车,捕捉坐标原点,光标右移并单击,绘制直线2;在"立即菜单"中选择"两点线"→"连续"→"正交"→"长度方式",在"长度"一栏中输入"80",光标上移并单击,绘制直线3,如图2-1-4所示。

(1)单击"曲线过渡"图标 ⌐ ,在"立即菜单"的半径一栏中输入"8",其他参数和选项采用默认设置,单击直线2和直线3,选择"成形-过渡圆弧"。单击"等距线"图标 ⅂ ,在"立即菜单"的"单根曲线/等距/距离"一栏中输入"5",在"精度"一栏中输入"0.1000",单击直线2,单击向上箭头,单击直线3,单击向左箭头,单击圆弧,单击左上方的箭头,如图2-1-5所示。

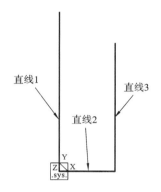

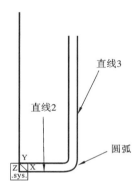

图2-1-4 绘制直线1、直线2、直线3　　　　**图2-1-5 倒圆及等距**

(2)单击"直线"图标,在"立即菜单"中选择"两点线"→"连续"→"正交"→"点方式",将倒L形的两端用短线连接起来,单击"等距线"图标,将直线2向下等距5,将直线1向右等距20、等距25;单击"曲线拉伸"图标 ⌐ ,将两垂直等距线向下拉伸,如图2-1-6所示。

(3)单击"曲线裁剪"图标 ✂ ,在"立即菜单"中选择"快速裁剪-正常裁剪",右击要裁剪的内容;单击"删除"图标,右击多余直线,如图2-1-7所示。

(4)单击"曲线过渡"图标,倒R_1、R_2的圆,如图2-1-8所示。

(5)将直线2向上等距15和等距70,得到直线4和直线5,如图2-1-9所示。

(6)将直线5向下等距30.7,得到直线6;将直线3向左等距2.5,得到直线7,如图2-1-10所示。

(7)将直线7向右等距20.3,得到直线8,如图2-1-11所示。

(8)单击"曲线拉伸"图标,单击直线4,在"立即菜单"中选择"伸缩",光标右移至合适的位置并进行单击;单击直线5,在"立即菜单"中选择"伸缩",光标右移至合适的位置并单击;再用同样的方法将直线6拉伸,如图2-1-12所示。

(9)单击"直线"图标,在"立即菜单"的"角度线"→"X轴夹角"→"角度"一栏中输入"20"以绘制斜线;捕捉直线4与直线7的交点,光标右移至合适的位置并单击,如图2-1-13所示。

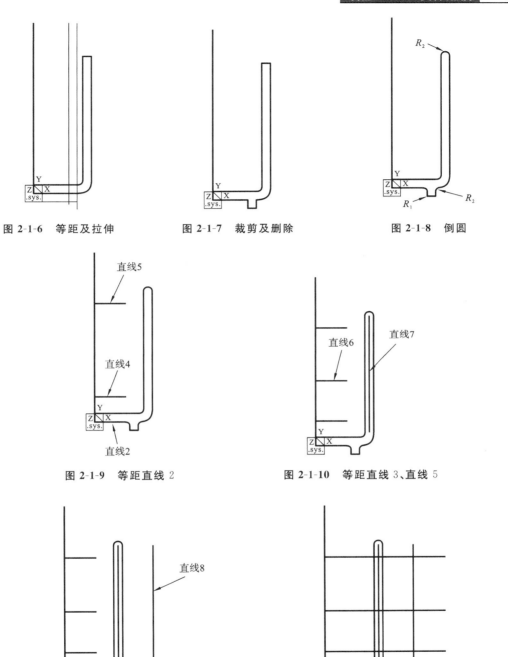

图 2-1-6 等距及拉伸   图 2-1-7 裁剪及删除   图 2-1-8 倒圆

图 2-1-9 等距直线 2   图 2-1-10 等距直线 3、直线 5

图 2-1-11 等距直线 7   图 2-1-12 曲线拉伸直线 4、直线 5、直线 6

（10）单击"圆"的图标⊙，捕捉直线 6 与直线 8 的交点作为圆心，按"空格键"，弹出"点工具菜单"，单击"切点"，再右击斜线，即绘制与斜线相切的圆，如图 2-1-14 所示。

（11）单击"直线"图标，在"立即菜单"中选择"角度线"→"X 轴夹角"→"角度"，在"角度"

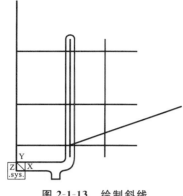

图 2-1-13　绘制斜线

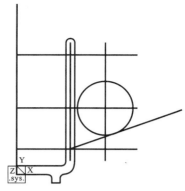

图 2-1-14　绘制与斜线相切的圆

一栏中输入"－65"以绘制斜线,与圆相切,按"空格"键,单击"切点",单击圆,按"空格"键,单击"默认点",鼠标向左上方移动,并在合适的位置单击,如图 2-1-15 所示。

（12）单击"曲线过渡"图标,过渡半径为 10 的圆弧,如图 2-1-16 所示。

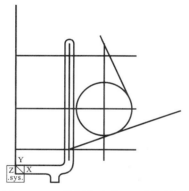

图 2-1-15　绘制角度为－65°的斜线

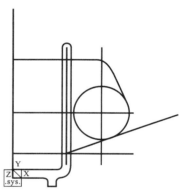

图 2-1-16　R10 过渡

（13）利用"曲线裁剪"、"删除"命令,裁掉和删除多余的曲线,如图 2-1-17 所示。

（14）按"F8"快捷键并按住鼠标中键拖动,将图形旋转至如图 2-1-18(a)所示。

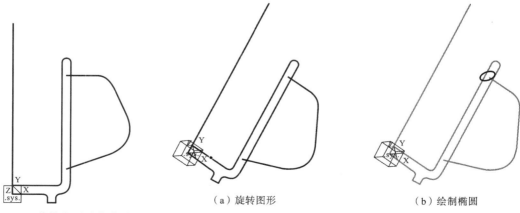

图 2-1-17　裁掉和删除多余的曲线

（a）旋转图形　　　　（b）绘制椭圆

图 2-1-18　旋转图形和绘制椭圆

（15）单击特征树上"平面OYZ"，右击，在快捷菜单中单击"创建草图"选项，进入草图绘制状态。单击"椭圆"图标，在"立即菜单"的"长半轴"一栏中输入"8"，在"短半轴"一栏中输入"3"，在"旋转角"一栏中输入"90"，起始角、终止角采用默认参数，捕捉杯把上端点，如图2-1-18(b)所示，右击则出现图2-1-19所示椭圆草图。

（16）单击"绘制草图"图标，退出草图。按"F5"快捷键，显示"平面OXY"，选择"编辑"→"隐藏"，单击过圆点的垂线并右击鼠标，将其隐藏，如图2-1-20所示。

（17）单击特征树中的"平面OXY"，右击，选择"创建草图"选项，进入草图绘制状态。单击"曲线投影"图标，框选杯体轮廓线，把杯体轮廓线投影到草图上，绘制过坐标原点的垂直线段，则出现封闭倒L形，如图2-1-21所示。

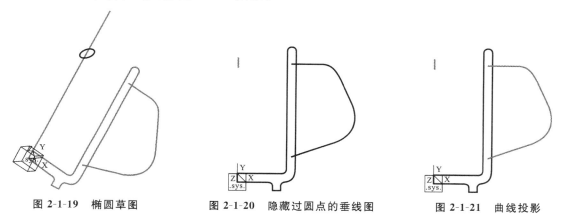

图 2-1-19　椭圆草图　　　　图 2-1-20　隐藏过圆点的垂线图　　　　图 2-1-21　曲线投影

（18）单击"检查草图环是否闭合"图标，检查草图是否闭合，若不闭合，则继续修改（采用"曲线组合"、"曲线裁剪"、"删除"等命令进行修改）；若闭合，则弹出如图2-1-22所示对话框。

（19）单击"绘制草图"图标，退出草图。

2）实体造型

（1）杯体的实体造型。

选择"编辑"→"可见"，单击过圆点的垂线并右击，如图2-1-23所示；单击"旋转增料"图标，弹出"旋转"对话框，各项设置如图2-1-24所示，在图2-1-23中单击轴线，在特征树中单击草图1，单击"确定"按钮，形成杯体实体，如图2-1-25所示。

图 2-1-22　提示对话框

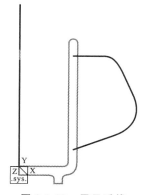

图 2-1-23　显示垂线

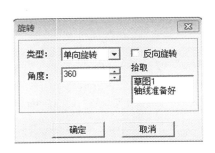

图 2-1-24　"旋转"对话框

图 2-1-25　形成杯体实体

（2）创建裁剪曲面。

单击"实体表面"图标 以拾取杯体的内表面，如图 2-1-26 所示，右击，生成实体的内表面，如图 2-1-27 所示。

图 2-1-26　选中杯体的内表面

图 2-1-27　形成杯体的内表面

（3）杯把的实体造型。

单击"曲线拉伸"图标，再单击杯把上端点附近曲线，使光标左移超过椭圆，并单击，如图 2-1-28 所示；单击"曲线裁剪"图标，单击超过椭圆的那段线，如图 2-1-29 所示；单击"导动增料"图标 ，弹出"导动"对话框，其设置如图 2-1-30 所示；拾取轨迹线，单击向右的箭头，右击，拾取草图，单击"确定"按钮，形成杯把实体，如图 2-1-31 所示。

图 2-1-28　曲线拉伸

图 2-1-29　曲线裁剪

图 2-1-30　"导动"对话框

（4）裁剪杯把多余部分。

单击"曲面裁剪除料"图标 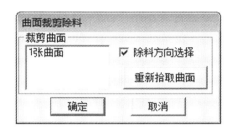，弹出"曲面裁剪除料"对话框，如图 2-1-32 所示；拾取杯体内表面，在"曲面裁剪除料"对话框中选择"除料方向选择"，单击"确定"按钮，如图 2-1-33 所示。

图 2-1-31 导动结果

图 2-1-32 "曲面裁剪除料"对话框

（5）隐藏所有曲线和曲面。

选择"编辑"→"隐藏"以框选所有曲线和曲面，将其隐藏，如图 2-1-34 所示。

图 2-1-33 裁剪结果

图 2-1-34 隐藏所有曲线和曲面

（6）过渡杯把两端。

单击"过渡"图标 ，弹出"过渡"对话框，其设置如图 2-1-35 所示；拾取杯把上下两端相关线，单击"确定"按钮，完成咖啡杯实体造型，如图 2-1-1 所示。

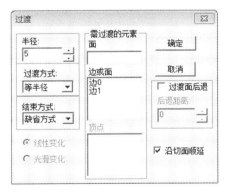

图 2-1-35 "过渡"对话框

3）转换模型文件格式

下面以一个模型文件的转换过程来介绍转换方法。

首先,启动 CAXA 制造工程师 2013,在 CAXA 制造工程师 2013 中,使用"打开"命令以打开"咖啡杯.mxe"文件。

选择"另存为"命令,在弹出的对话框中,单击"保存类型"右侧的下拉箭头,选择文件类型为"＊.stl"的文件,单击"保存"按钮,如图 2-1-36 所示。为防止 3D 打印软件不能很好地支持中文文件名,此时也可更改文件名。

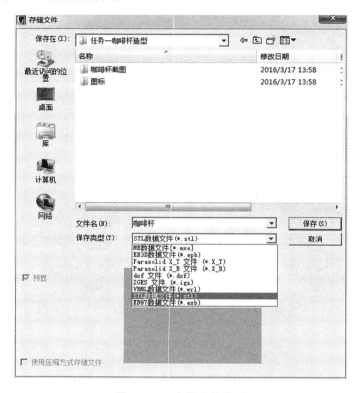

图 2-1-36 存储文件类型

4. 学生操作

学生在计算机上按要求练习绘图,教师指导学生操作。

5. 工作记录

工作记录如表 2-1-2 所示。

表 2-1-2 任务 1 的工作记录

序　　号	工 作 内 容	工 作 记 录

续表

序　号	工作内容	工作记录

工作后的思考：

【检验与评估】

1. 教师考核

2. 小组评价

3. 自我评价

【知识拓展】

1. CAD/CAM 系统

20 世纪 90 年代以前,市场销售的 CAD/CAM 软件基本上为国外引进的软件系统。20 世纪 90 年代以后,国内在 CAD/CAM 技术研究和软件开发方面进行了卓有成效的工作,尤其是在以计算机为平台的软件系统。其功能可以与国外同类软件相媲美,并在操作性、本地化服务方面具有优势。一个好的数控编程系统,不仅是一种仅可以绘图、做轨迹、出加工代码的工具,而且是一种先进加工工艺的综合,先进加工经验的记录、继承和发展。

北京数码大方科技股份有限公司经过多年来的不懈努力,推出了 CAXA 制造工程师数控编程软件系统。该系统集 CAD、CAM 于一体,功能强大、易学易用、工艺性好、代码质量高,现在已经在全国有上千家企业使用,并受到好评。使用者利用该系统可方便地生成数控加工程序,再通过计算机传输给数控铣床或数控加工中心,即可进行自动加工。这不但降低了投入成本,而且还提高了经济效益。

2. 其他主流 CAD/CAM 软件

其他主流 CAD/CAM 软件有 Solidworks 公司的 Solidworks、IBM/CSC 公司的 Helix、Autodesk 公司的 MDT、PTC 公司的 Pro/E、UG 公司的 UG 等。

3. 适用行业

CAXA 制造工程师软件已广泛应用于塑模、锻模、汽车覆盖件拉伸模、压铸模等复杂模具的生产,以及电子、兵器、航空航天等行业的精密零件加工。

【思考与练习】

绘制如图 2-1-37 和图 2-1-38 所示实体造型。

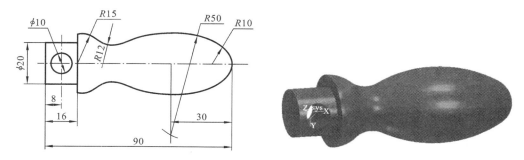

图 2-1-37　手柄的实体造型

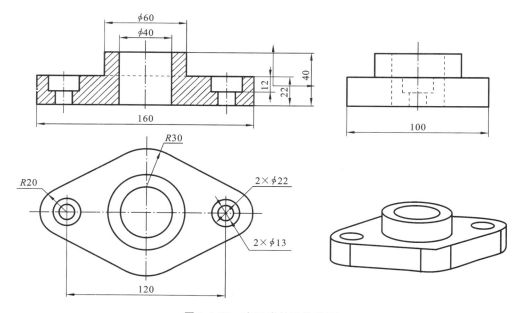

图 2-1-38　支承座的实体造型

任务 2　药瓶的实体造型

【接受工作任务】

1. 引入工作任务

药瓶的实体造型如图 2-2-1 所示，其三视图和轴测图如图 2-2-2 所示。

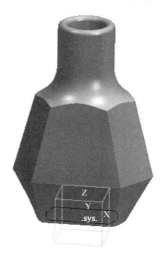

图 2-2-1　药瓶的实体造型

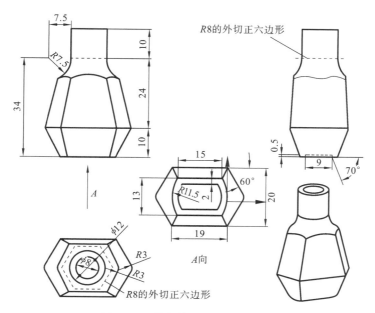

图 2-2-2　药瓶的三视图和轴测图

2．任务目标及要求

1）任务目标

通过该任务的实训，学生可了解 CAD/CAM 系统，掌握 CAXA 制造工程师 2013 软件的相关概念、用户界面、基本命令、快捷键。

2）任务要求

（1）掌握复杂零件的造型方法。

（2）熟练掌握"放样增料"、"拉伸增料"、"拉伸除料"、"抽壳"、"构造基准面"等命令。

【信息收集与分析】

（1）通过网络收集相关资料。

（2）分析、整理所收集的资料。

【制订工作计划】

为药瓶的实体造型制订工作计划，如表 2-2-1 所示。

表 2-2-1　任务 2 的工作计划

步　　骤	工 作 内 容

药瓶的实体造型的操作流程如图 2-2-3 所示。

【任务实施】

1．安全常识

了解计算机安全用电常识。

2．工具及资料准备

计算机、教材和笔等。

3．教师操作演示

1）绘制瓶底外轮廓草图

根据图 2-2 所示的 A 向视图尺寸，以平面 OXY 为基面绘制瓶底外轮廓草图线：按"F5"快捷键，显示平面 OXY，单击特征树中的图标◆ 平面OXY，右击，选择"创建草图"命令，进入草图绘制状态，以瓶底外轮廓的中心点作为坐标原点，绘制瓶底外轮廓，如图 2-2-4 所示。

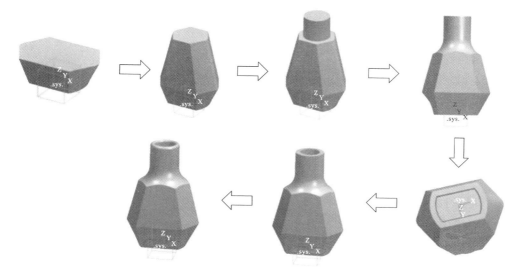

图 2-2-3　药瓶的实体造型的操作流程

按"F8"快捷键,显示轴测图;按"F2"快捷键,退出绘制草图。

2）绘制距离瓶底 10 mm 处药瓶横截面轮廓草图

（1）构造基准面。

单击"构造基准面"图标 ,弹出"构造基准面"对话框,选择"构造方法"选项中"等距平面确定基准面",在"距离"文本框中输入"10",在"构造条件"的"特征树"中单击图标,如图 2-2-5所示,单击"确定"按钮。

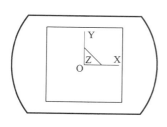

图 2-2-4　药瓶瓶底轮廓线

图 2-2-5　"构造基准面"对话框

（2）创建草图。

单击特征树中的图标,右击,选择"创建草图"命令,进入草图绘制状态,按"F5"快捷键,将在距离瓶底 10 mm 处绘制草图。

（3）绘制最大截面处轮廓。

根据图 2-2-2 所示的 A 向视图尺寸,绘制距离瓶底 10 mm 处药瓶横截面(药瓶最大截面处)轮廓草图。

(4) 组合轮廓曲线。

单击"曲线组合"图标 ➡,在"立即菜单"中选择"删除原曲线",按"空格"键,弹出"拾取菜单"对话框,选择"限制链拾取",在拾取左下部斜线后,单击斜向上箭头,再拾取中间圆弧,右击,拾取左下部直线加圆弧,单击斜向上箭头,拾取左上部直线,单击斜向上箭头,右击,则三条线(左下部斜线、圆弧、左上部斜线)组合成一条曲线;用同样的方法将右边三条线组合成一条曲线。

(5) 退出绘制草图。

按"F8"快捷键,显示轴测图,按"F2"快捷键,退出草图。

3) 利用"放样增料"生成部分实体

单击"放样增料"图标 🖰,弹出"放样"对话框,如图 2-2-6 所示。单击直线 1 的左边和直线 2 的左边,如图 2-2-7 所示,单击"确定"按钮,如图 2-2-8 所示。

图 2-2-6 "放样"对话框

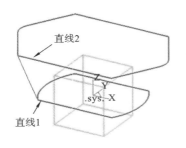
图 2-2-7 拾取直线 1、直线 2

图 2-2-8 放样实体

4) 生成药瓶中部实体

(1) 绘制草图 1。

单击放样实体上平面,右击,选择"创建草图",单击"相关线"图标 ✎,在"立即菜单"中选择"实体边界",依次拾取放样实体上平面的 6 条棱边,右击,单击"绘制草图"图标,退出绘制草图功能。

(2) 创建基准面。

单击"构造基准面"图标,弹出"构造基准面"对话框,选择"构造方法",在"等距平面确定基准面"的"距离"文本框中输入"34",选择"构造条件",对特征树进行单击,单击"确定"按钮。

(3) 在创建基准面上绘制草图。

单击特征树中在第(2)步骤创建的基准面,右击,选择"创建草图",进入草图绘制状态,按"F5"快捷键,将在距离瓶底 34 mm 处绘制草图。根据图 2-2-2 所示的俯视图虚线尺寸绘制草图,单击"正多边形"图标,在"立即菜单"中选择"中心",在"变数"文本框中输入"6",选择"外切",在"捕捉坐标原点"文本框中输入"8",完成正六边形的绘制。单击"平面旋转"图标,在"立即菜单"中选择"固定角度"→"移动",在"角度"文本框中输入"30",捕捉坐标原点以作为旋转中心,框选正六边形以作为旋转元素。利用"圆弧过渡"命令将正六边形左、右两个尖角过渡,如图 2-2-9 所示。利用"曲线组合"命令将正六边形左、右两边的三条线组合成一条曲线,按"F8"快捷键,显示轴测图,按"F2"快捷键,退出绘制草图功能,如图 2-2-10 所示。

图 2-2-9　绘制六边形

图 2-2-10　六边形草图

(4) 利用放样生成实体。

利用"放样增料"命令生成实体,如图 2-2-11 所示。

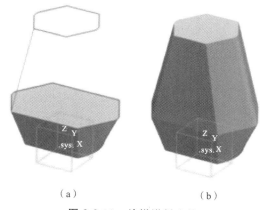

(a)　　　　　　　　　(b)

图 2-2-11　放样增料实体

5) 生成药瓶上部分实体

单击实体的上表面,右击,选择"创建草图",进入草图绘制状态,单击"圆"图标,在"立即菜单"中选择"圆心"→"半径",单击坐标原点以作为圆心,在"半径"文本框中输入"6",如图 2-2-12 所示。单击"绘制草图"图标,退出草图。单击"拉伸增料"图标 ,弹出"拉伸增料"对话框,在"深度"文本框中输入"10",其他采用默认设置,单击"确定"按钮,如图 2-2-13 所示。

6) 生成药瓶圆弧部分

(1) 按"F7"快捷键,显示平面 OXZ,单击"直线"图标,在"立即菜单"中选择"两点线"→"连续"→"正交"→"点方式"以捕捉坐标原点,光标上移至合适位置,右击,绘制直线 1;用同样的方法绘制直线 2,如图 2-2-14 所示。

(2) 单击"等距线"图标,在"立即菜单"中选择"单根曲线"→"等距",在"距离"文本框中输入"13.5","精度"设置为"默认",拾取直线,在直线左侧右击;用同样的方法将直线向上等距 34,如图 2-2-15 所示。

图 2-2-12　草图

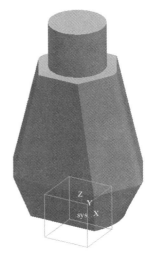

图 2-2-13　拉伸增料实体

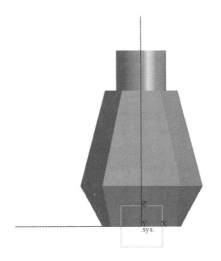

图 2-2-14　绘制直线

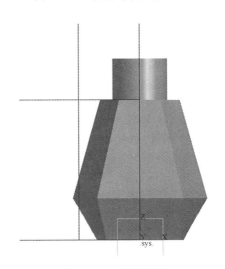

图 2-2-15　等距直线

（3）利用"圆"命令,绘制以两等距线的交点为圆心,半径为 7.5 的圆,如图 2-2-16 所示。

（4）单击特征树中的平面 OXZ,右击,选择"创建草图",进入草图绘制状态。单击"曲线投影"图标,拾取圆,按"F2"快捷键,退出草图。单击"删除"图标,拾取要删除的对象,如图 2-2-17 所示。

（5）单击"旋转除料"图标 ⓐ,拾取直线以作为旋转轴线,拾取草图圆,单击"确定"按钮,如图 2-2-18 所示。

（6）选择"编辑"→"隐藏",框选所有图形,右击,隐藏的结果如图 2-2-19 所示。

7）生成瓶底凹坑

（1）按住鼠标中键并拖动光标,将实体旋转瓶底朝上,单击瓶底平面,右击,选择"创建草图",单击"相关线"图标,在"立即菜单"中选择"实体边界",拾取底部的 4 条棱边,右击,单击

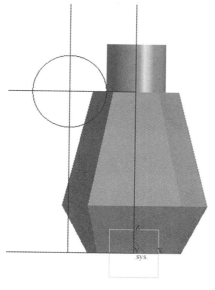

图 2-2-16　绘制圆

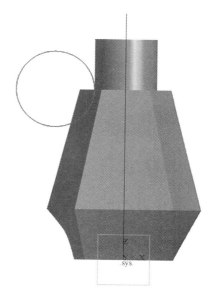

图 2-2-17　创建草图

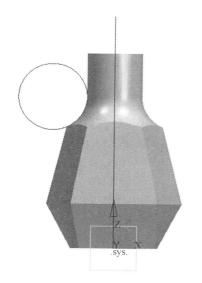

图 2-2-18　旋转除料结果

图 2-2-19　隐藏结果

"等距线"图标,在"距离"文本框中输入"2",分别拾取 4 条草图线,单击指向图形中的箭头,右击,利用"曲线裁剪"和"删除"命令将不要的线删除,如图 2-2-20 所示。

(2)单击"拉伸除料"图标🔲,在"拉伸除料"对话框中,设置"基本拉伸"参数,如图2-2-21所示,单击"确定"按钮,如图 2-2-22 所示。

8)抽壳

(1)按住鼠标中键并拖动光标,使实体旋转瓶口朝上,单击"抽壳"图标🔲,拾取瓶口面,在"厚度"文本框中输入"2",单击"确定"按钮,如图 2-2-23 所示。

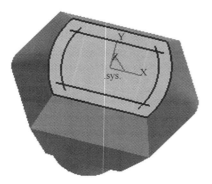

图 2-2-20　绘制草图　　　　　　　　　　图 2-2-21　"拉伸除料"对话框

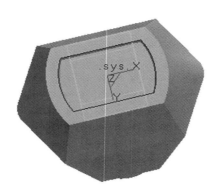

图 2-2-22　拉伸除料实体

（2）单击"过渡"图标，拾取瓶口上表面，如图 2-2-24 所示，在"半径"文本框中输入"1"，单击"确定"按钮，如图 2-2-1 所示。

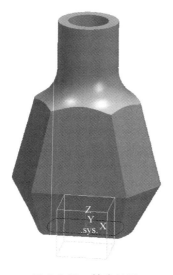

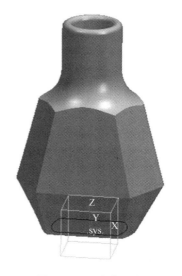

图 2-2-23　抽壳结果　　　　　　　　　　图 2-2-24　过渡实体

9) 转换模型文件格式

（1）下面以一个模型文件的转换过程来介绍转换方法。

（2）启动 CAXA 制造工程师 2013，使用"打开"命令以打开"咖啡杯.mxe"文件。

（3）选择"另存为"命令，在弹出的对话框中，单击"保存类型"右侧的下拉箭头，选择文件类型为"＊.stl"文件类型，单击"保存"按钮，如图 2-2-25 所示。为防止 3D 打印软件不能很好地支持中文文件名，此时也可更改文件名。

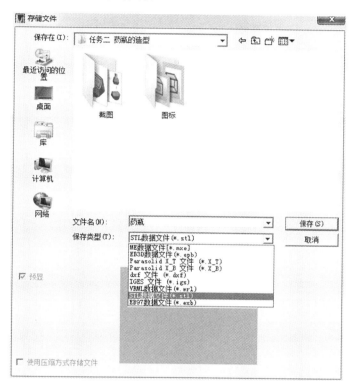

图 2-2-25　存储文件类型

4. 学生操作

学生在计算机上按要求练习绘图，教师指导学生操作。

5. 工作记录

工作记录如表 2-2-2 所示。

表 2-2-2　任务 2 的工作记录

序　　号	工 作 内 容	工 作 记 录

续表

序　　号	工 作 内 容	工 作 记 录

工作后的思考：

【检验与评估】

1. 教师考核

2. 小组评价

3. 自我评价

【知识拓展】

CAXA 制造工程师 2013 的基本操作方法。

1. CAXA 制造工程师 2013 的界面

1）标题栏

标题栏位于工作界面的最上方，用于显示 CAXA 制造工程师 2013 的程序图标及当前正在运行文件的名字等信息。

2）主菜单

主菜单由"文件"、"编辑"、"显示"、"造型"、"加工"、"工具"、"设置"、"帮助"等菜单项组成,这些菜单项几乎包括了CAXA制造工程师2013的全部功能和命令。

3）绘图区

绘图区位于屏幕的中心,是用户进行绘图设计的工作区域。

4）特征树

特征树位于工作界面的左侧,以树形结构直观地再现了基准平面和实体特征的建立顺序,并让用户对这些特征执行各种编辑操作。

5）工具栏

工具栏是CAXA制造工程师2013提供的一种调用命令的方式,它包含多个由图标表示的命令按钮,单击这些图标按钮就可以调用相应的命令。

6）立即菜单与快捷菜单

CAXA制造工程师2013在执行某些命令时,会在特征树下方弹出一个选项窗口,称为立即菜单。立即菜单描述了该项命令的各种情况和使用条件。用户根据当前的作图要求,正确地选择某一选项,即可得到准确的响应。用户在操作过程中,在界面的不同位置右击,即可弹出不同的快捷菜单。利用快捷菜单中的命令,用户可以快速、高效地完成绘图操作。

7）状态栏

状态栏位于绘图窗口的底部,用于反映当前的绘图状态。状态栏左部是命令提示栏,提示用户当前动作;状态栏中部为操作指导栏和工具状态栏,用于指出用户的不当操作和当前的工具状态;状态栏右部是当前光标的坐标位置。

8）工具菜单

工具菜单是将操作过程中频繁使用的命令选项分类组合在一起而形成的菜单。当操作中需要某一特征量时,只要按下"空格"键,就可在屏幕上弹出工具菜单。工具菜单包括点工具菜单、矢量工具菜单和选择集拾取工具菜单三种。

（1）点工具菜单用于选择具有几何特征的点的工具。

（2）矢量工具菜单用于选择方向的工具。

（3）选择集拾取工具菜单用于拾取所需元素的工具。

2. 基本命令

基本命令主要是指文件命令、编辑命令、显示命令、工具命令和设置命令等。

3. 快捷键

F2:草图器,用于绘制草图状态与非绘制草图状态的切换。

F3:显示全部。

F4:刷新。

F5:将当前平面切换至平面OXY,同时将图形投影到平面OXY内并进行显示。

F6:将当前平面切换至平面OYZ,同时将图形投影到平面OYZ内并进行显示。

F7:将当前平面切换至平面OXZ,同时将图形投影到平面OXZ内并进行显示。

F8:显示轴侧图。

F9:切换作图平面(平面OXY、平面OXZ、平面OYZ)。默认为平面OXY。

【思考与练习】

绘制如图 2-2-26 所示烟灰缸的实体造型。

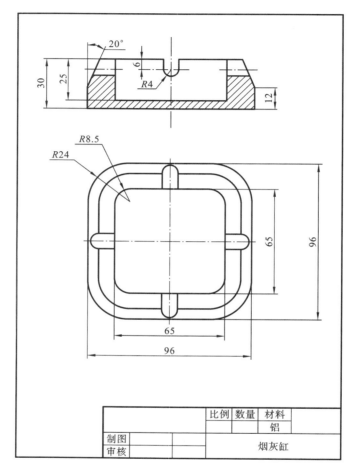

	比例	数量	材料
			铝
制图			烟灰缸
审核			

图 2-2-26   烟灰缸的实体造型

任务 3   阀体的实体造型

【接受工作任务】

1. 引入工作任务

阀体的实体造型如图 2-3-1 所示,其三视图和轴测图如图 2-3-2 所示。其造型特点是,零件由底部带左右两凸台的底板、中部侧面带凸耳的空心圆柱体、上部前后带缺口的环形圆柱体组成。

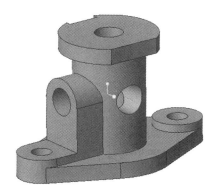

图 2-3-1　阀体的实体造型

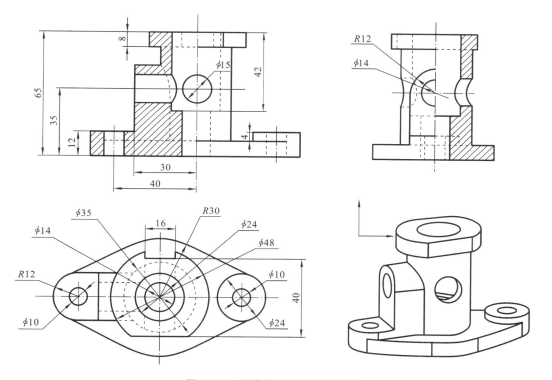

图 2-3-2　阀体的三视图和轴测图

2．任务目标及要求

1）任务目标

使学生了解 CAD/CAM 系统，掌握 PTC Creo Parametric 3.0 中的相关概念、用户界面、基本命令、快捷键。

2）任务要求

（1）掌握复杂零件的造型方法。

（2）熟练掌握"拉伸增料"、"拉伸除料"等命令。

【信息收集与分析】

（1）通过网络收集相关资料。

（2）分析、整理所收集的资料。

【制订工作计划】

为阀体的实体造型制订工作计划，如表 2-3-1 所示。

表 2-3-1　任务 3 的工作计划

步　骤	工 作 内 容

阀体的实体造型的操作流程如图 2-3-3 所示。

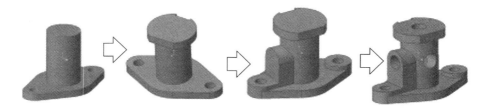

图 2-3-3　阀体的实体造型的操作流程

【任务实施】

1．安全常识

了解计算机安全用电常识。

2．工具及资料准备

计算机、教材和笔等。

3．教师操作演示

（1）建立新文件。启动 PTC Creo Parametric 3.0 软件，出现如图 2-3-4 所示的主界面。

（2）单击"新建"图标，在"新建文件"对话框的"类型"选项中选择"零件"，"子类型"选项中选择"实体"，单击"确定"按钮，进入零件建模界面，如图 2-3-5 所示。

（3）选择平面"TOP"，单击"草绘"图标，进入草绘界面，选择"草绘视图"图标，如图 2-3-6 所示。

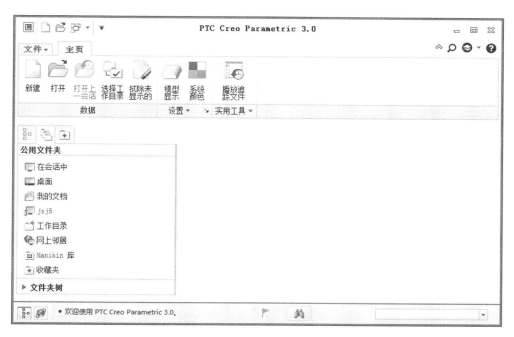

图 2-3-4　PTC Creo Parametric 3.0 的主界面

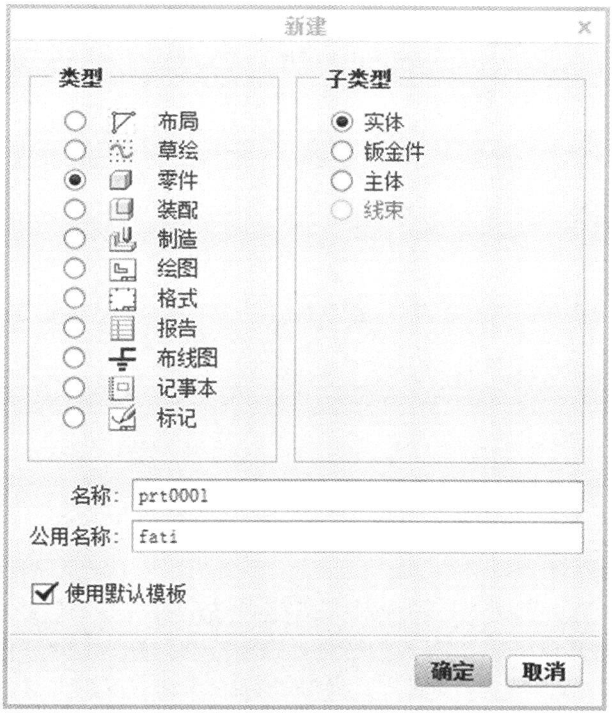

图 2-3-5　"新建"对话框

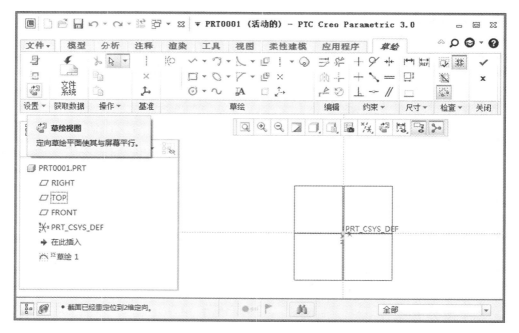

图 2-3-6　草绘界面

（4）根据要求绘制零件底板草图，单击"确定"图标 ✔，如图 2-3-7 所示。

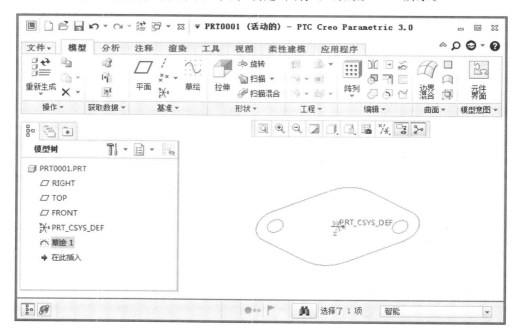

图 2-3-7　绘制零件底板草图

（5）单击"拉伸增料"图标 🔷，单击图标 🔟 以便让实体从草绘平面以指定的深度值拉伸，单击图标 ⬆，让拉伸方向向上，其"深度"设置为"8.00"，单击"确定"图标，分别如图 2-3-8 和

图 2-3-9 所示。

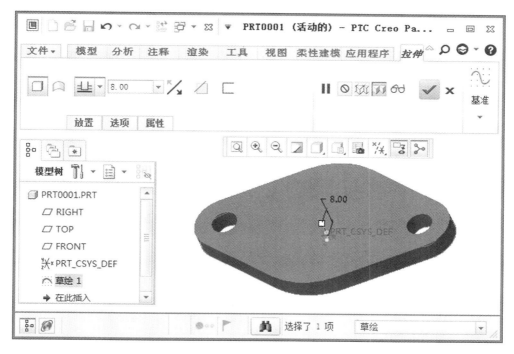

图 2-3-8　拉伸底板

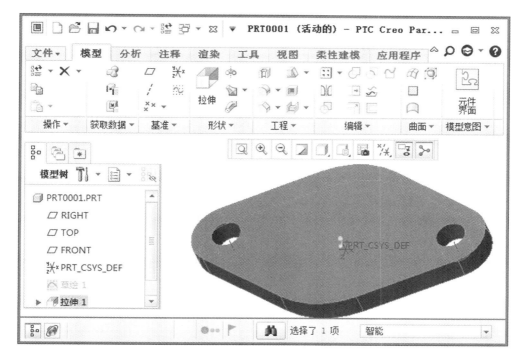

图 2-3-9　拉伸底板结果

（6）选择平面"TOP"，单击"拉伸增料"图标，拉伸增料直径为 35 的圆柱体，其"深度"设置为"65.00"，分别如图 2-3-10 和图 2-3-11 所示。

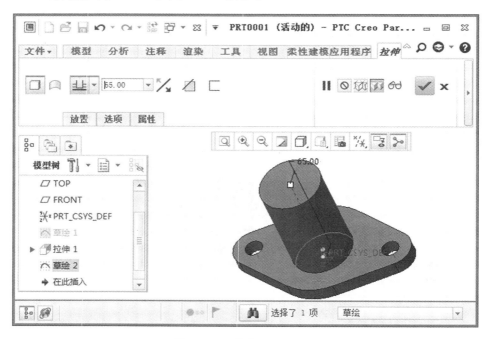

图 2-3-10　拉伸 ϕ35 的柱体

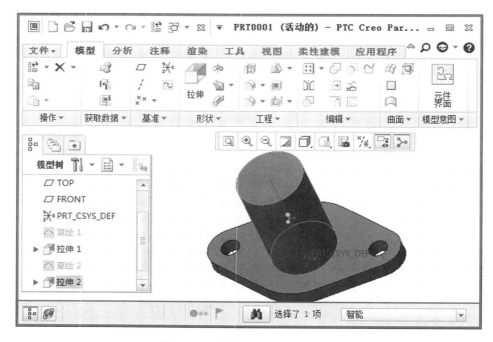

图 2-3-11　拉伸 ϕ35 的柱体的结果

（7）选择圆柱体的上表面，单击"草绘"图标，进入草绘视图，并绘制直径为 48 的圆，单击"确定"图标，如图 2-3-12 所示。

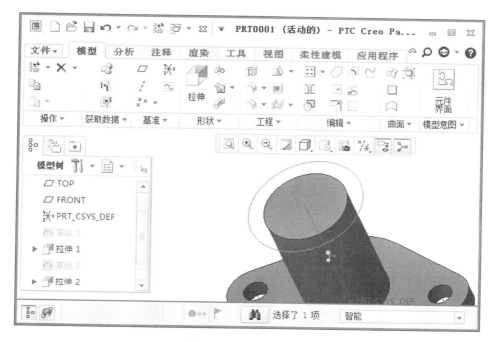

图 2-3-12 绘制草图 1

（8）单击"拉伸增料"图标，向下拉伸增料，其"深度"设置为"8.00"，单击"确定"图标，如图 2-3-13 所示。

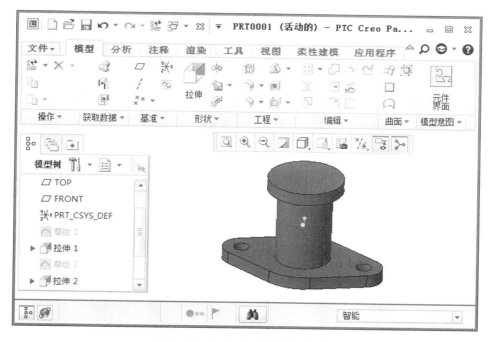

图 2-3-13 拉伸 φ48 的圆柱体的结果

（9）单击圆柱体上表面以选择绘图平面，单击"草绘"图标，进入草绘界面，根据尺寸绘制草图，如图2-3-14所示。

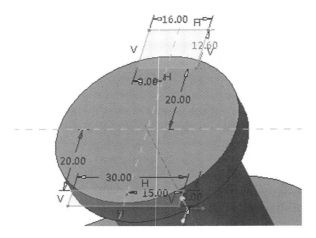

图 2-3-14 绘制草图 2

（10）单击"拉伸除料"图标，单击图标以移除材料，选择图标，其方向向下，其"深度"设置为"8"，分别如图2-3-15和图2-3-16所示。

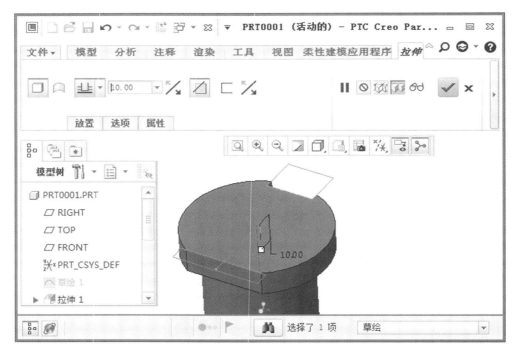

图 2-3-15 拉伸除料

（11）选择阀体底板的上表面，进入草绘界面，在右侧圆孔位置分别绘制两个直径为24和10的圆，单击"确定"按钮，然后向上拉伸增料，其深度设置为"4"，单击"确定"图标，绘制右

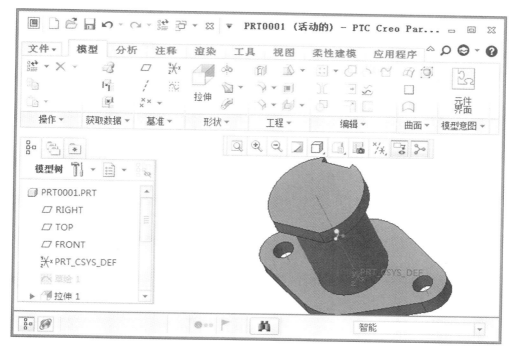

图 2-3-16　拉伸除料的结果

凸台,如图 2-3-17 所示。

（12）同样选择阀体上表面,进入草绘界面,在左侧圆孔位置绘制左凸台草绘形状,单击"确定"按钮,然后向上拉伸增料,其深度设置为"4",单击"确定"图标,绘制左凸台,如图 2-3-18所示。

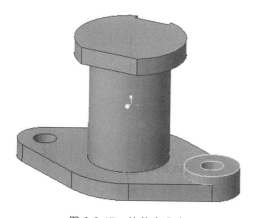

图 2-3-17　拉伸右凸台

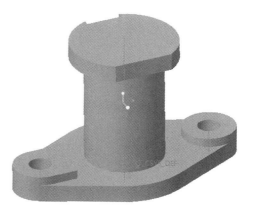

图 2-3-18　拉伸左凸台

（13）选择如图 2-3-19 所示的绘图平面,单击"草绘"图标以进入草图界面,根据尺寸绘制如图 2-3-19 所示的草图。

（14）单击"拉伸增料"图标以进行拉伸增料,选择拉伸至选定的点、曲线、平面或曲面,用光标选择直径为 35 的圆柱体表面,单击"确定"图标,分别如图 2-3-20 和图 2-3-21 所示。

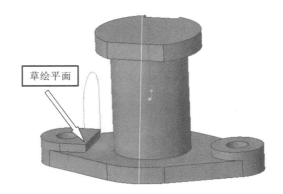

图 2-3-19　绘制凸耳草图

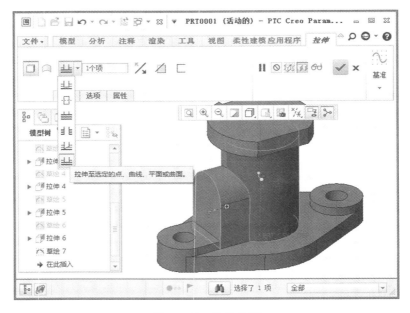

图 2-3-20　拉伸凸耳

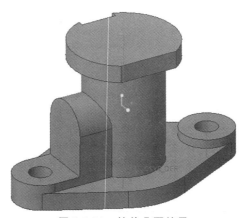

图 2-3-21　拉伸凸耳结果

（15）选择阀体的上平面，单击"草绘"图标以进入草图界面，绘制直径为 14 的圆，单击"确定"图标，如图 2-3-22 所示。

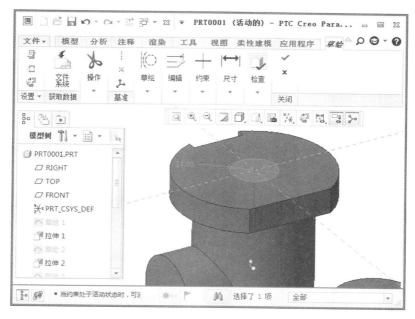

图 2-3-22 绘制草图 3

（16）单击"拉伸除料"图标，单击图标▊▊，使所选图形拉伸至与所有曲面相交，向下拉伸除料，单击"确定"按钮，分别如图 2-3-23 和图 2-3-24 所示。

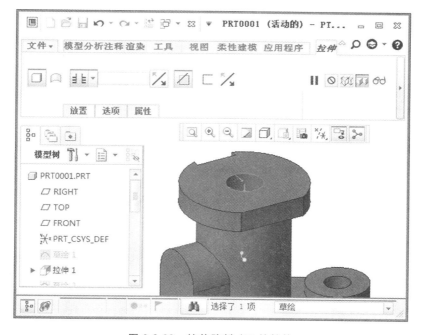

图 2-3-23 拉伸除料 $\phi24$ 的柱体

（17）选择如图 2-3-25 所示的草绘平面，单击"草绘"图标以进入草图状态，绘制直径为 14.00 的圆。

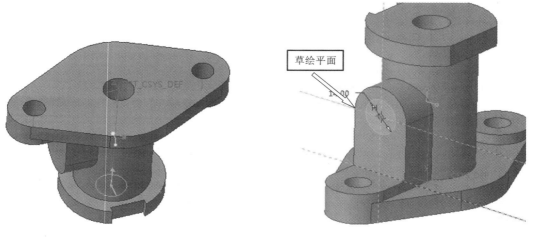

图 2-3-24　拉伸除料的结果　　　　　　图 2-3-25　绘制草图 4

（18）单击"拉伸除料"图标以进行拉伸除料，单击图标 ，使所选图形拉伸至选定的点、曲线、平面或曲面，选择直径为 14 的内孔，单击"确定"图标，分别如图 2-3-26 和图 2-3-27所示。

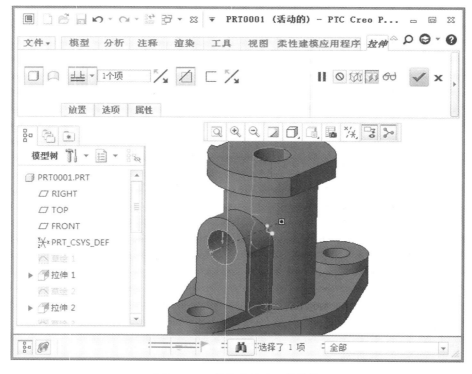

图 2-3-26　拉伸除料 ϕ14 的柱体

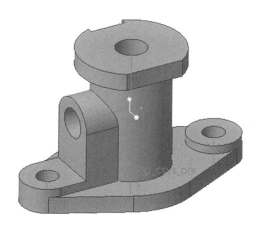

图 2-3-27　拉伸除料的结果

（19）选择平面"FRONT"，单击"草绘"图标以进入草图界面，根据要求绘制直径为 15 的圆，单击"确定"按钮，然后双向拉伸除料，完成阀体的建模过程，如图 2-3-28 所示。

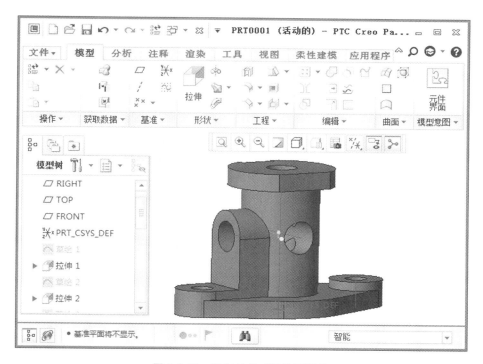

图 2-3-28　双向拉伸 $\phi15$ 的两通孔

（20）转换模型文件格式。

下面以一个模型文件的转换过程来为大家介绍转换方法。

启动 PTC Creo Parametric 3.0 软件，在 PTC Creo Parametric 3.0 中使用"打开"命令以打开"fati. prt"文件。

选择"另存为"命令，在弹出的对话框中，单击"保存类型"右侧的下拉箭头，选择文件类型为"＊.stl"的文件,单击"确定"按钮,如图 2-3-29 所示。为防止 3D 打印软件不能很好地支持中文文件名,此时也可更改文件名。

在如图 2-3-30 所示对话框中,根据情况修改相应参数,单击"确认"按钮,即可完成文件格式的转换。

图 2-3-29 "保存"对话框

图 2-3-30 "导出 STL"对话框

4. 学生操作

学生在计算机上按要求练习绘图,教师指导学生操作。

5. 工作记录

工作记录如表 2-3-2 所示。

表 2-3-2 任务 3 的工作记录

序　号	工 作 内 容	工 作 记 录

序　号	工 作 内 容	工 作 记 录

工作后的思考：

【检验与评估】

1．教师考核

2．小组评价

3．自我评价

【知识拓展】

　　PTC Creo Parametric 软件就是 PTC 核心产品 ProE 的升级版本，是新一代 Creo 产品系列的参数化建模软件。

　　该软件优点如下：

　　（1）快速开发最优质和最新颖的产品；

　　（2）利用自由风格的设计功能加快概念设计速度；

　　（3）利用高效、灵活的 3D 详细设计功能提高工作效率；

　　（4）提高模型质量、促进原始零件和多 CAD 零件的再利用及减少所建造模型的错误；

　　（5）轻松处理复杂的曲面设计要求；

　　（6）即时连接到 Internet 上的信息和资源，实现高效的产品开发过程；

　　（7）通过灵活的工作流和顺畅的用户界面，允许直接建模、提供特征处理和智能捕捉，并使用几何预览，从而用户能在实施变更之前看到变更的效果。此外，PTC Creo Parametric 软件构建在为人熟悉的 Windows 用户界面标准之上，能让用户立即上手，而且可扩展这些标准以应对 3D 产品设计的独特挑战。

PTC Creo Parametric 软件利用具有关联性的 CAD、CAM 和 CAE 应用程序(范围从概念设计到 NC 刀具路径生成),可在所有工程过程中创建无缝的数字化产品信息。此外,PTC Creo Parametric 软件在多 CAD 环境中表现出色,并且保证向下兼容来自早期 Pro/Engineer 软件版本的数据。

PTC Creo Parametric 软件通过内嵌的 Web 浏览器提供对重要资源的即时连接。作为 PTC 综合产品开发系统(PDS)的一部分,PTC Creo Parametric 软件提供与 Windchill 软件的无缝用户体验。

【思考与练习】

绘制如图 2-3-31 所示多用扳手的实体造型。

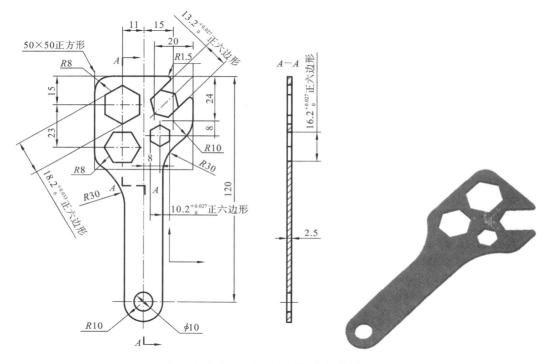

图 2-3-31 多用扳手的实体造型

任务 4 旋钮的实体造型

【接受工作任务】

1. 引入工作任务

旋钮的实体造型如图 2-4-1 所示,旋钮零件三视图如图 2-4-2 所示。其造型特点是,零件有球面底座和球面梯形凸起及倒圆角等特征。

图 2-4-1　旋钮的实体造型

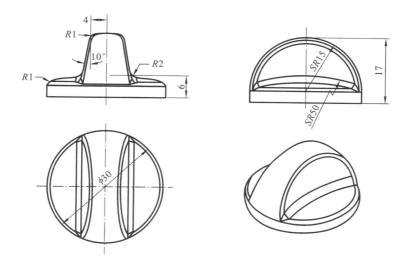

图 2-4-2　旋钮的三维视图

2. 任务目标及要求

1）任务目标

使学生了解 CAD/CAM 系统,掌握 PTC Creo Parametric 3.0 软件的相关概念、用户界面、基本命令、快捷键。

2）任务要求

（1）掌握复杂零件的造型方法。

（2）熟练掌握"拉伸增料"、"旋转除料"、"旋转除料"、"倒圆"等命令。

【信息收集与分析】

（1）通过网络收集相关资料。

（2）分析、整理所收集的资料。

【制订工作计划】

为旋钮的实体造型制订工作计划如表 2-4-1 所示。

表 2-4-1　任务 4 的工作计划

步　骤	工　作　内　容

　　旋钮实体造型的操作流程如图 4-2-3 所示。

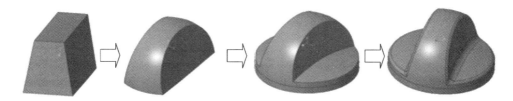

图 2-4-3　旋钮实体造型的操作流程

【任务实施】

1. 安全常识

了解计算机安全用电常识。

2. 工具及资料准备

计算机、教材和笔等。

3. 教师操作演示

（1）建立新文件。

启动 PTC Creo Parametric 3.0 软件,其主界面如图 2-4-4 所示。

单击"新建"图标,在"新建文件"对话框(见图 2-4-5)的"类型"选项中选择"零件","子类型"选项中选择"实体",单击"确定"按钮进入零件建模界面。

（2）选择平面"FRONT",单击"草绘"图标,进入草绘界面,选择"草绘视图"图标,如图 2-4-6所示。

（3）根据要求绘制草图截面,单击"确定"图标,如图 2-4-7 所示。

（4）单击"拉伸"图标 和"双向增料"图标 ,其"深度"设置为 32,单击"确定"图标,如图 2-4-8所示。

（5）选择平面"FRONT",单击"草绘"图标,进入草绘界面,选择"草绘视图"图标,如图

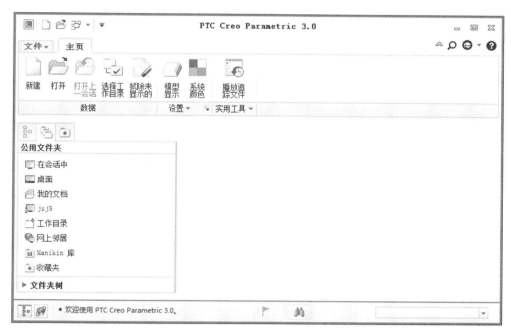

图 2-4-4 PTC Creo Parametric 3.0 主界面

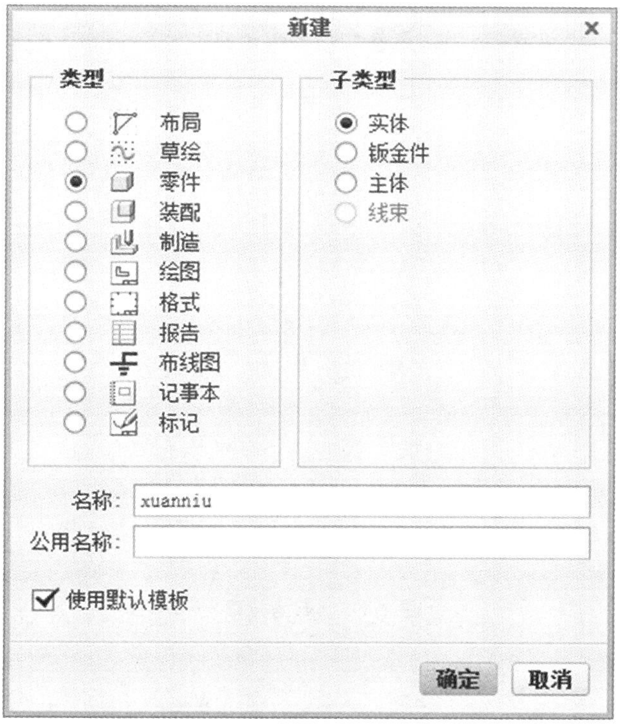

图 2-4-5 "新建文件"对话框

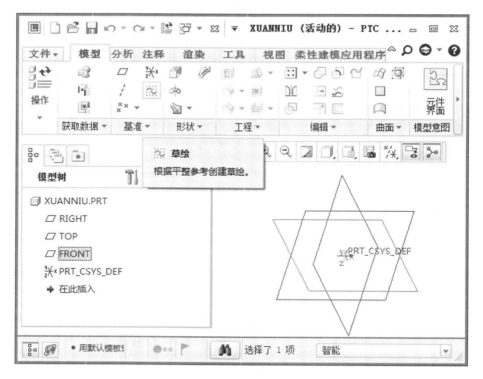

图 2-4-6　绘制草图

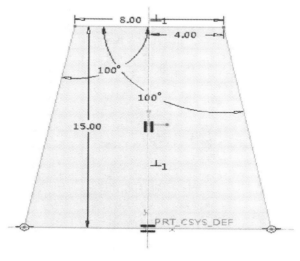

图 2-4-7　草图截面图

2-4-9所示。

（6）选择圆柱体的上表面，单击"草绘"图标，进入"草绘视图"界面，并绘制草图及旋转轴，单击"确定"图标，如图 2-4-10 所示。

（7）单击"旋转"图标 旋转，单击图标 以移除材料，单击图标 以便将材料的旋转方

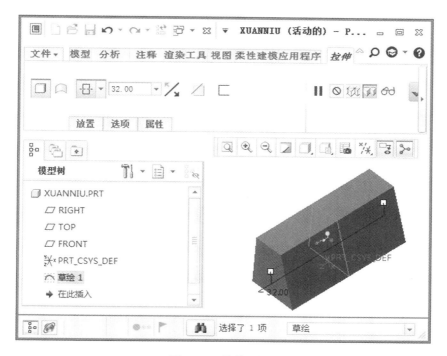

图 2-4-8 拉伸、增料

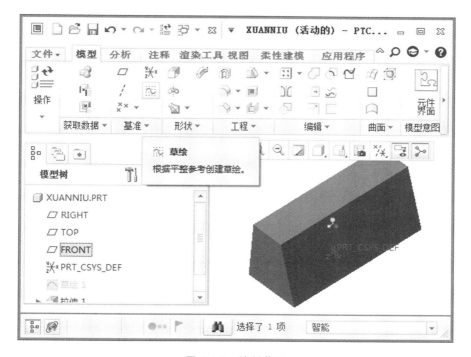

图 2-4-9 绘制草图

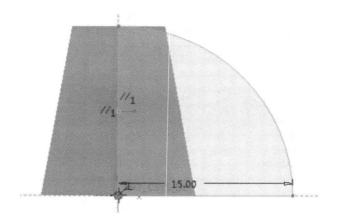

图 2-4-10　绘制草图及旋转轴

向更改为草绘的另一侧,单击"确定"图标,如图 2-4-11 所示。

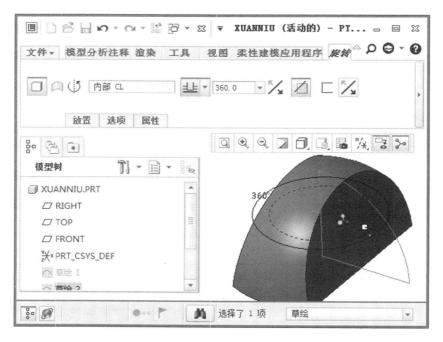

图 2-4-11　旋转除料

（8）选择平面"FRONT",单击"草绘"图标,进入草绘界面,选择"草绘视图"图标,绘制草图及旋转轴,如图 2-4-12 所示。

（9）单击"旋转"图标,单击图标 ⬒ 以便在绘图平面上按照指定的角度值旋转,角度为360°,倒圆角,单击"确定"图标,如图 2-4-13 所示。

单击"确定"图标以得出实体,如图 2-4-14 所示。

（10）单击"倒圆角"图标,倒圆角半径为1,选择如图 2-4-15 所示的四条曲线,单击"确定"图标,如图 2-4-16 所示。

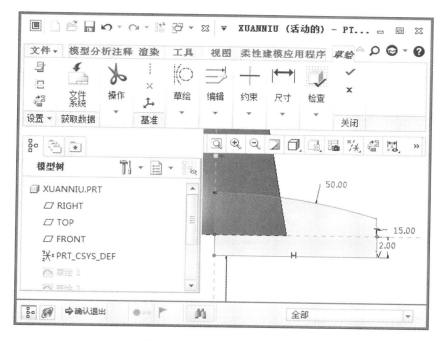

图 2-4-12 绘制草图及旋转轴

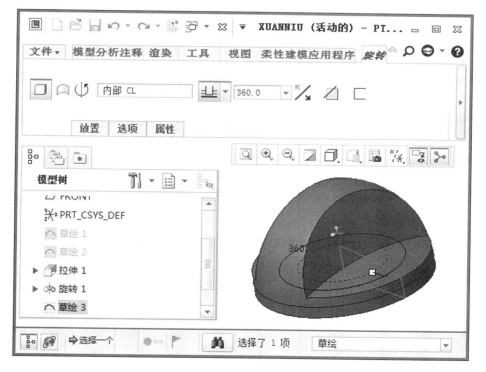

图 2-4-13 旋转增料

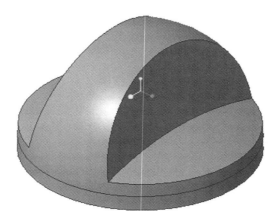

图 2-4-14 "旋转增料"结果

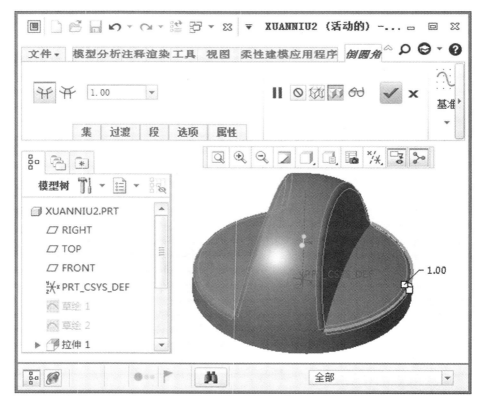

图 2-4-15 倒圆角

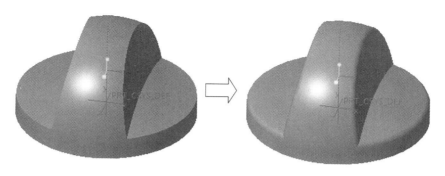

图 2-4-16 "倒圆角"结果

(11) 单击"倒圆角"图标,倒圆角半径为 2,选择如图 2-4-17 所示的两条曲线,单击"确定"图标,如图 2-4-18 所示。

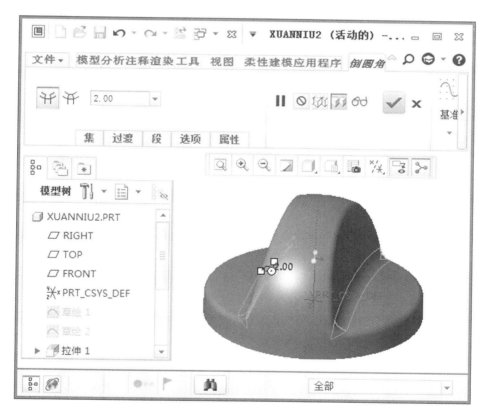

图 2-4-17 倒圆角

(12) 转换模型文件格式。

下面以一个模型文件的转换过程介绍转换方法。

启动 PTC Creo Parametric 3.0 软件,在 PTC Creo Parametric 3.0 软件中,使用"打开"命令以打开"xuanniu.prt"文件。选择"另存为"命令,在弹出的对话框中,单击"保存类型"右

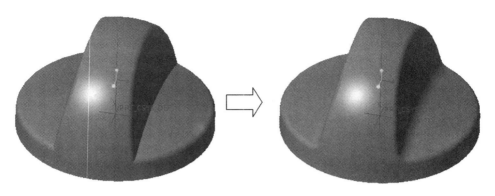

图 2-4-18 "倒圆角"结果

侧的下拉箭头,选择文件类型为"＊.stl"的文件,单击"保存"按钮,如图 2-4-19 所示。为防止 3D 打印软件不能很好地支持中文文件名,此时也可更改文件名。

在如图 2-4-20 所示对话框中,根据情况修改相应参数,单击"确认"按钮,即可完成文件格式的转换。

图 2-4-19 "保存"对话框

图 2-4-20 "导出 STL"对话框

4. 学生操作

学生在计算机上按要求练习绘图,教师指导学生操作。

5. 工作记录

工作记录如表 2-4-2 所示。

表 2-4-2　任务 4 的工作记录

序　号	工 作 内 容	工 作 记 录

工作后的思考：

【检验与评估】

1. 教师考核

2. 小组评价

3. 自我评价

【知识拓展】

Creo Parametric 软件的功能如下：

（1）可以实现 3D 实体建模；

（2）无论模型有多复杂都能创建精确的几何图形；

（3）自动创建草绘尺寸,从而能快速轻松地进行重用；

（4）快速构建可靠的工程特征,如倒圆角、倒角、孔等；

（5）使用族表创建系列零件；

（6）拥有更智能、更快速、更可靠的装配建模性能；

（7）可以即时创建简化表示；

（8）使用独有的 Shrinkwrap™工具可以共享轻量,模型占据空间减小,但模型数据准确性表示；

（9）充分利用实时的碰撞检测；

（10）使用 AssemblySense™嵌入拟合、形状和函数知识,以快速、准确地创建、装配包含三视工程图和轴测工程图的详细文档；

（11）按照国际标准（包括 ASME、ISO 和 JIS）创建三视工程图和轴测工程图；

（12）自动创建关联的物料清单（BOM）和关联的球标说明；

（13）用模板自动创建工程图、专业曲面设计；

（14）利用自由风格功能更快速地创建复杂的自由形状；

（15）使用扫描、混合、延伸、偏移和其他各种专门的特征开发复杂的曲面几何图形；

（16）使用诸如拉伸、旋转、混合和扫描等工具修剪、延伸曲面；

（17）执行诸如复制、合并、延伸和变换等曲面操作；

（18）显式地定义复杂的曲面几何图形的扭曲技术；

（19）对选定的 3D 几何图形进行全局变形；

（20）动态缩放、拉伸、折弯和扭转模型；

（21）将"扭曲"应用于从其他 CAD 工具导入的几何钣金件建模；

（22）使用简化的用户界面创建壁、折弯、冲头、凹槽、成型和止裂槽；

（23）自动从 3D 几何图形生成平整形态；

（24）使用各种弯曲余量计算来创建设计的平整形态；

（25）可以实现数字化人体建模；

（26）利用 Manikin Lite 功能在 CAD 模型中插入数字化人体并对其进行处理；

（27）在设计周期的早期,获得有关产品与制造、使用和维护它的人员之间的交互的重要意见；

（28）可以焊接建模和创建相关文档；

（29）定义连接要求；

（30）从模型中提取重要信息,如质量属性、间隙、干涉和成本数据；

（31）轻松生成完整的 2D 焊缝文档。

【思考与练习】

绘制如图 2-4-21 所示阶梯轴的实体造型。

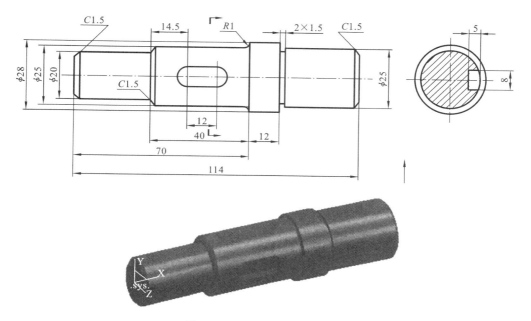

图 2-4-21 阶梯轴的实体造型

项目三

逆向工程

 项目描述

　　逆向工程也称为反求工程或反向工程,是根据已存在的产品或零件原型构造产品或零件的工程设计模型,并在此基础上对已有的产品进行剖析、理解和改进,是对已有设计的再设计。本项目以典型的 3D 扫描实体模型为例,学习逆向工程的 3D 扫描技术,如图 3-0-1 所示。

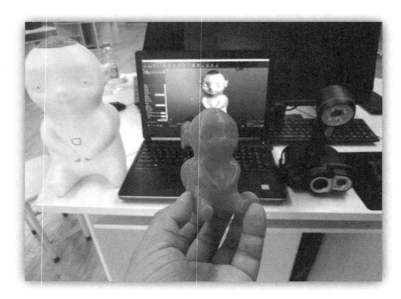

图 3-0-1　3D 扫描技术

　　模具制作对时间、造型与精度要求日益严格,以过去传统利用正向 CAD 系统来进行模具制作,已经不是唯一的处理方式。近年来逆向工程处理技术逐渐成熟,它可以缩短模具开发时程并且提高模具制作精度,因此各类模具厂皆积极导入逆向工程技术。

逆向工程步骤如下：

（1）设计前的准备工作；

（2）零件原型的数字化；

（3）提取零件的几何特征；

（4）零件 CAD 模型的重建；

（5）重建 CAD 模型的检验与修正。

 项目目标

【知识目标】

掌握 3D 扫描的理论知识及 3D 扫描软件的基本操作，能熟练运用 3D 扫描软件进行扫描和编辑数据。

【能力目标】

掌握 3D 扫描方法和扫描步骤，利用 3D 扫描仪对铸件和机器猫进行 3D 扫描，获得其 3D 扫描数据。

【职业素养】

本项目能培养学生将设想变为产品的动手能力，提高学生的自我学习能力，为今后工作奠定坚实的基础。

 项目准备

【资源要求】

Handyscan 700（手持式 3D 激光）扫描仪及配套软件；Go! SCAN 50（手持式 3D 白光）扫描仪及配套软件。

【材料工具准备】

Handyscan 700 扫描仪及配套软件、VXelements、Go! SCAN 50 扫描仪及配套软件、铸件模型、机器猫实体模型。

【相关资料】

逆向工程的应用与发展的相关资料、VXelements 软件资料、扫描仪说明书等。

任务 1 Handyscan 700 扫描仪扫描铸件

【接受工作任务】

1. 引入工作任务

实体铸件如图 3-1-1 所示，经过 3D 扫描仪扫描并编辑后，最终获得铸件的 3D 扫描数据如图 3-1-2 所示。

图 3-1-1　铸件实体模型图

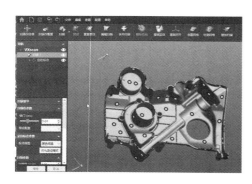

图 3-1-2　获取铸件的 3D 扫描数据

2. 任务目标及要求

1）任务目标

利用 Handyscan 700 扫描仪扫描铸件并对相关扫描数据进行编辑处理，获得铸件的 3D 数据模型。

2）任务要求

（1）了解 Handyscan 700 扫描仪的工作原理及应用方法。

（2）掌握扫描软件 VXelements 的基本操作方法。

（3）掌握利用扫描仪扫描铸件的方法及步骤。

【信息收集与分析】

1. Handyscan 700 扫描仪的工作原理

Handyscan 700 扫描仪投影到对象上的激光随着对象形状改变而发生变形。在扫描时，摄像头会拍摄该特定形状并对它进行计算。摄像头会拍摄到激光线贴合物体形状发生的变形，借助该信息，扫描仪可确定部件的形状。凭借变形激光线信息、窗口中的线位置（深度）信息和扫描仪的位置信息，即可实时生成 3D 表面。如图 3-1-3 所示，摄像头有两个作用：观察各种特征，以确定扫描仪在空间中的位置；记录激光十字线的变形情况，以确定部件的形状。

2. Handyscan 700 扫描仪的多功能按钮

Handyscan 700 扫描仪的多功能按钮,如图 3-1-4 所示。

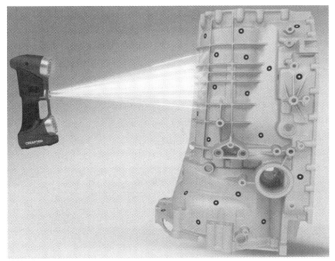

图 3-1-3 工作原理

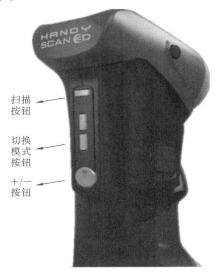

扫描
按钮

切换
模式
按钮

＋/－
按钮

图 3-1-4 多功能按钮

1)扫描按钮

长按扫描按钮:开始/停止扫描过程。

短按扫描按键:开始/暂停采集数据。

2)切换模式按钮

该按钮在缩放模式和快门模式之间进行切换。

3)＋/－按钮

该按钮的功能为功能调整:缩放模式或快门模式。

双击＋按钮:重置视角,再次双击,则为"适合屏幕"。

双击－按钮:锁定/解锁视角。

3. Handyscan 700 的技术规格

Handyscan 700 的技术规格如表 3-1-1 所示。

表 3-1-1 Handyscan 700 的技术规格

参 数	规 格
重量	0.85 kg
尺寸	122 mm×77 mm×294 mm
测量速率	480000 次/秒
扫描区域	275 mm×250 mm
光源	7 束激光十字线加额外 1 束激光
激光类别	Ⅱ(人眼安全)

续表

参　　数	规　　格
分辨率	0.050 mm
精确度	最高 0.030 mm
基准距	300 mm
景深	250 mm
部件尺寸范围（建议）	0.1～4 m
接口类型	USB 3.0
操作温度范围	15～40 ℃
操作湿度范围（非冷凝）	10％～90％

4. VXelements 的界面简介

VXelements 的主界面如图 3-1-5 所示。

图 3-1-5　VXelements 的主界面

掌握工具条（如图 3-1-6 所示）的简单操作：

（1）创建新会话文件；

（2）打开现有会话文件；

（3）保存当前会话文件；

（4）重置当前项目，项目参数不会在"新建会话"中被重新初始化；

（5）开始和停止扫描。

【制订工作计划】

为 Handyscan 700 扫描仪扫描铸件制订工作计划，如表 3-1-2 所示。

图 3-1-6 软件主工具条

表 3-1-2 任务 1 的工作计划

步　　骤	工　作　内　容

【任务实施】

1. 安全常识

在实施任务过程中,应当注意用电安全,防止触电等危险事故的发生;扫描仪属于贵重物品,扫描过程中应注意轻拿轻放。

2. 工具及资料准备

需准备 Handyscan 700 扫描仪和铸件模型,如图 3-1-7 和图 3-1-8 所示。

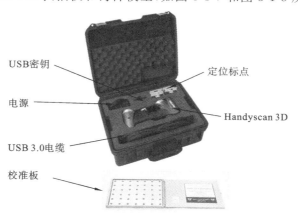

图 3-1-7 Handyscan 700 扫描仪

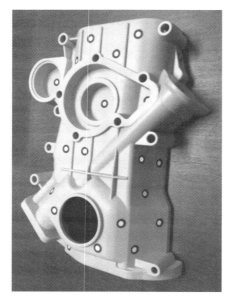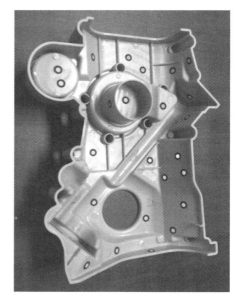

图 3-1-8   铸件模型

3. 教师操作演示

1）在部件上定位标点

在部件上应用标点，距离一般为 20～100 mm，平坦区域需要的标点较少，弯曲区域需要的标点较多，请勿添加过多的标点，标点添加容易但不易去除。应避免在弯曲率较高的表面上添加标点，添加标点时不要在部件边缘及细部添加标点，避免使用损坏或不完整的标点，避免使用油腻、多灰、脏污或隐藏的标点，如图 3-1-9 所示。

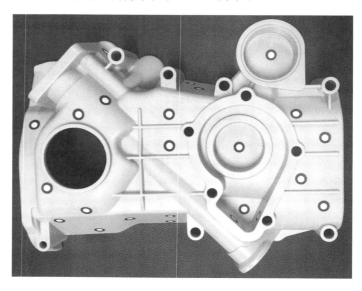

图 3-1-9   定位标点

请勿成组堆放标点；也不可将标点整齐地排列成一条线，因为无法进行准确的三角测量，如图 3-1-10 所示。

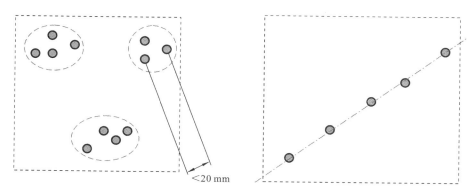

图 **3-1-10** 错误定位标点

2）连接系统

连接电源，并将 USB 电缆连接到计算机上，将 USB 电缆的其他末端连接到扫描仪上，启动 VXelements 软件，如图 3-1-11 所示。

图 **3-1-11** 连接系统

3）打开扫描仪软件 VXelements

VXelements 的主界面如图 3-1-5 所示。

4）校准扫描仪

单击工具栏扫描仪校准按钮，手持扫描仪垂直扫描校准板进行扫描仪校准，扫描仪必须指向校准板中心，即圆圈所示的位置，并应将红线对齐到如图 3-1-12 所示矩形内。

（1）测量 1～10 点，在垂直于校准板的方向上调整高度，如图 3-1-13 所示，右侧指示条提示扫描仪应调整的高度。

（2）测量 11～12 点，倾斜，如图 3-1-14 所示，顶部指示条提示扫描仪应调整的方向。

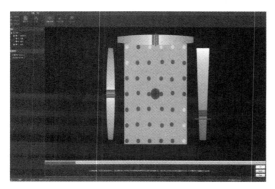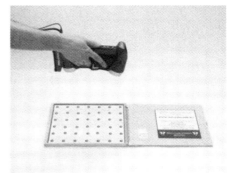

图 3-1-12 扫描仪校准

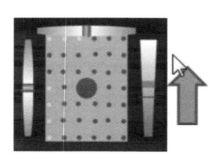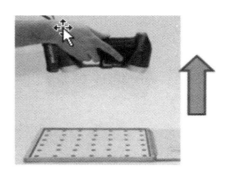

图 3-1-13 右侧指示条

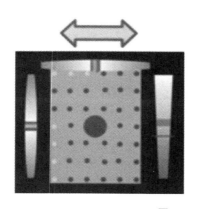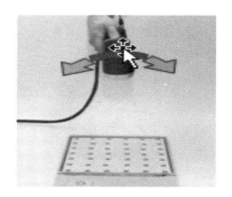

图 3-1-14 顶部指示条

（3）测量 13～14 点，倾斜，如图 3-1-15 所示，左侧指示条提示扫描仪应调整的方向。
完成扫描仪校准后单击"确定"按钮，如图 3-1-16 所示。

5）配置扫描仪参数

单击扫描仪配置图标，单击"自动调节"模式，确保激光线完全平铺在要扫描的表面上，
确保传感器与表面垂直，将扫描仪的激光线平铺在表面上，直至"优化参数"消息消失，单击
"应用"按钮，然后单击"确定"按钮，退出该菜单，配置完成扫描仪参数，如图 3-1-17～图
3-1-19 所示。

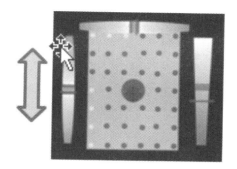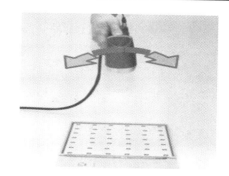

图 3-1-15 左侧指示条

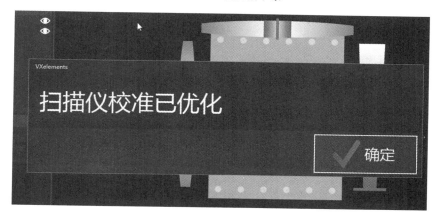

图 3-1-16 完成扫描仪校准

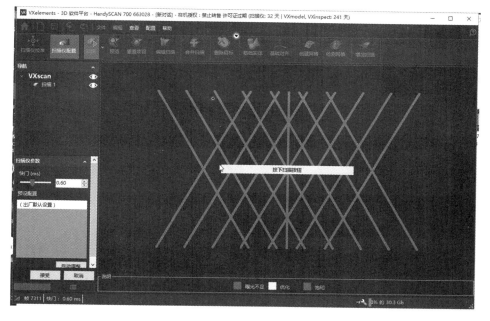

图 3-1-17 开始配置扫描仪参数

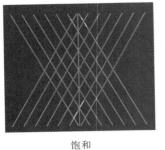  

饱和   优化   曝光不足

图 3-1-18   扫描仪配置状态

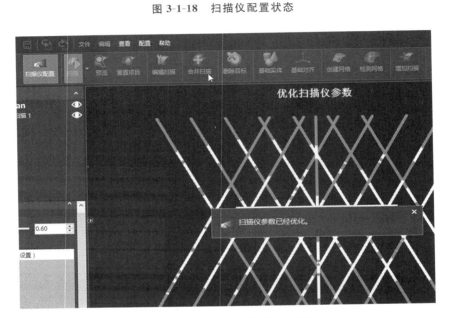

图 3-1-19   配置完成扫描仪参数

6）扫描工件

单击工具栏"扫描"图标，长按扫描仪"开始"按钮，对工件进行扫描，如图 3-1-20 所示。

图 3-1-20   开始扫描

（1）扫描距离。

扫描工件时，扫描仪距工件表面 30 cm 最佳，如图 3-1-21 所示。

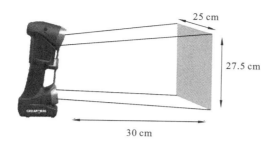

图 3-1-21　扫描距离

扫描时,屏幕左侧会显示测距仪,指示扫描仪和部件之间的距离,扫描仪上部的 LED 灯也可以指示距离,如图 3-1-22 所示。

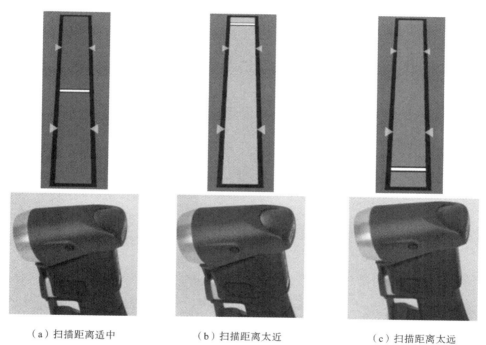

（a）扫描距离适中　　　　　（b）扫描距离太近　　　　　（c）扫描距离太远

图 3-1-22　测距仪指示灯

扫描时应保持中等扫描距离,以便轻松、快速地采集数据,如果扫描仪距待扫描部件太近或太远,它将无法采集数据。当跟踪丢失时,扫描表面前应重新定位扫描仪或添加标点。

（2）扫描方向。

扫描时扫描仪应尽量与表面垂直,也可以适当倾斜,但入射角越小,定位模型的精确度就越低,如图 3-1-23 所示。

（3）单激光线模式。

在扫描过程中双击"扫描"按钮即可切换激光模式,在 7 束激光十字线和单线之间进行切换。对于有些深层表面扫描不到的地方,可以切换成单线扫描,这样可以捕获到更深层次的数据,如图 3-1-24 所示。

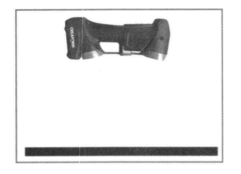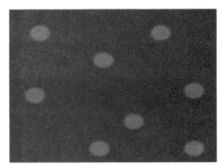

（a）垂直扫描

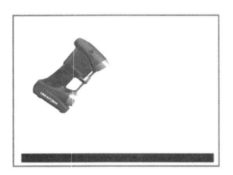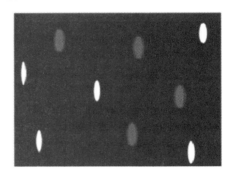

（b）倾斜扫描

图 3-1-23　扫描方向

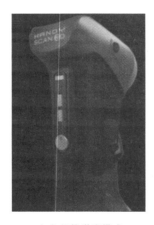

（a）切换激光模式　　　　　　　　　（b）单激光线扫描

图 3-1-24　单激光线模式

扫描完成后,单击软件"扫描"图标以结束扫描。

7）编辑扫描

单击"编辑扫描"图标以访问选择工具,如图 3-1-25 所示,对所需工具矩形、笔刷、自由形状或选择方式等进行编辑,以获得完整清晰的工件 3D 数据,如图 3-1-26 所示。

图 3-1-25 扫描编辑工具条

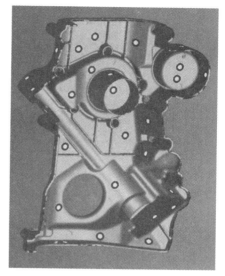

图 3-1-26 编辑扫描后的 3D 数据

8）保存数据

完成扫描及编辑后，可对数据进行保存，以及导出 .stl 格式的文件，如图 3-1-27 和图 3-1-28 所示。

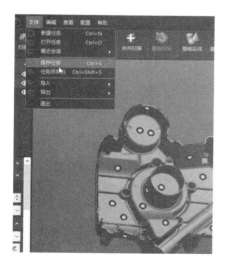

图 3-1-27 保存网格数据

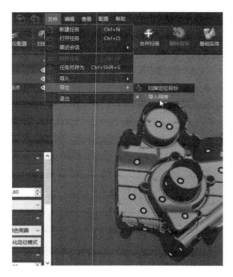 

图 3-1-28　保存为.stl 格式

4. 学生操作

在教师的指导下进行分组操作,根据扫描步骤,正确使用扫描仪扫描铸件,以获得 3D 扫描数据。每组完成扫描后上交作业,由教师对作业进行总结、评价。

5. 工作记录

工作记录如表 3-1-3 所示。

表 3-1-3　任务 1 的工作记录

序　　号	工 作 内 容	工 作 记 录

工作后的思考:

【检验与评估】

1. 教师考核

_____

_____

_____

2. 小组评价

_____

_____

_____

3. 自我评价

_____

_____

_____

【知识拓展】

1. 合并扫描

合并扫描是在同一坐标系中采集不同会话的原始数据,使用多个扫描仪扫描同一部件,如果某个项目需要大量 RAM,那么需要拆分为多个会话,在多个会话中扫描复杂部件,如图 3-1-29 所示。

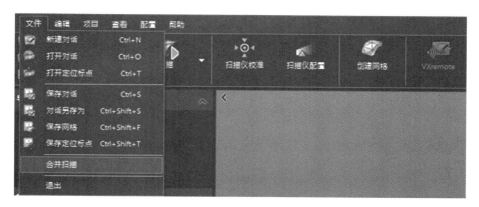

图 3-1-29 合并扫描

2. 对齐

自动分析所扫描的对象,在对象中心添加一个参照物,沿对象的主轴对齐,如图 3-1-30 和图 3-1-31 所示。

3. 剪切平面

此功能用于自动清理.stl 文件并简化会话文件,任何一个平面都可以用于剪切平面,选中使用剪切平面复选框,右击"名称框"以添加平面。用户可以在激活显示编辑窗格后根据需要旋转和偏移平面,如图 3-1-32 所示。

图 3-1-30　对齐到原点

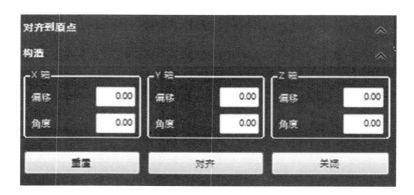

图 3-1-31　对齐

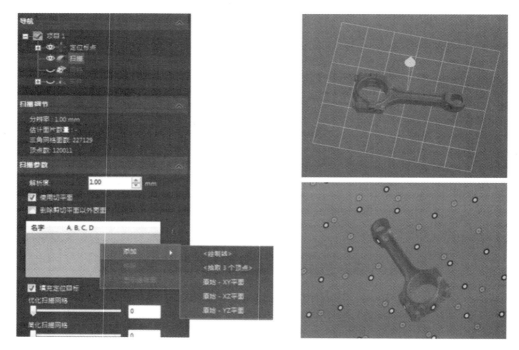

图 3-1-32　剪切平面

4."扫描时可自动恢复"选项

如图 3-1-33 所示,此工具可自动记录工作会话期间的扫描数据(备份)。如果在扫描时或扫描后软件出现故障,那么可以在重新启动软件时恢复数据(即使必须重启计算机)。如果出现故障后打开 VXelements 软件,就会显示一则消息以询问用户是否要恢复数据:如果单击"否"按钮,那么数据将丢失并打开新的会话;如果单击"是"按钮,那么会加载已保存的数据。

【思考与练习】

按照正确的操作步骤,利用 Handyscan 700 扫描仪扫描图 3-1-34 所示齿轮,最终获得完整的 3D 扫描数据。

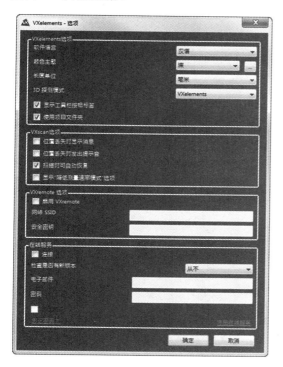

图 3-1-33 扫描时可自动恢复

图 3-1-34 齿轮

任务 2 Go! SCAN 50 扫描仪扫描机器猫模型

【接受工作任务】

1. 引入工作任务

机器猫实体模型如图 3-2-1 所示,用 Go! SCAN 50 扫描仪扫描机器猫实体模型并编辑处理后,最终获得铸件的 3D 扫描数据,如图 3-2-2 所示。

2. 任务目标及要求

1)任务目标

利用 Go! SCAN 50 扫描仪扫描机器猫实体模型并进行编辑处理,获得机器猫的 3D 数据模型。

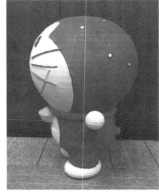

图 3-2-1　机器猫实体模型

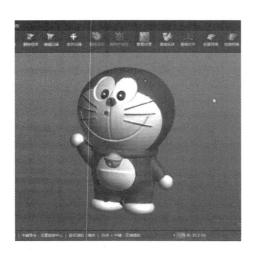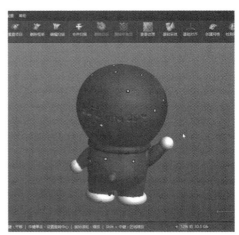

图 3-2-2　经过扫描获取的机器猫 3D 数据

2）任务要求

（1）了解 Go！SCAN 50 扫描仪的工作原理及应用。

（2）掌握扫描软件 VXelements 的基本操作方法。

（3）掌握扫描仪扫描机器猫实体模型的方法及步骤。

【信息收集与分析】

1. Go！SCAN 50 扫描仪的硬件

扫描仪工具箱内所有硬件包括 VXelements 软件的安装程序、电源、USB 电缆、定位标点和 Go！SCAN 50 扫描仪等，如图 3-2-3 所示。

Go！SCAN 50 扫描仪的组件由触发器、顶部摄像头、环形灯、纹理摄像头、底部摄像头、白光投影仪组成，如图 3-2-4 所示。

2. Go！SCAN 50 扫描仪的工作原理

白光投影仪的 LED 灯将白光图案投影到对象上，两个摄像头拍摄图案的变形、几何信

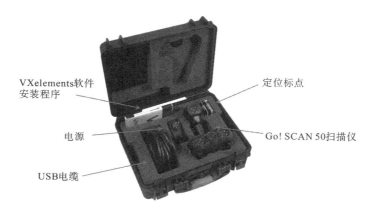

VXelements软件
安装程序

定位标点

电源

Go! SCAN 50扫描仪

USB电缆

图 3-2-3　扫描仪工具箱

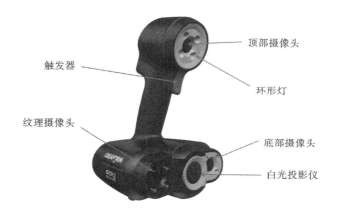

触发器

顶部摄像头

环形灯

纹理摄像头

底部摄像头

白光投影仪

图 3-2-4　Go! SCAN 50 扫描仪

息,用于实时构建表面。智能混合定位功能始终使用所有可用信息来创建定位(目标和几何形状),同时确保有充分的数据以确保采集精确度。

　　部件上光图案需要具有良好的清晰度,光图案的清晰度在很大程度上受部件颜色和材料类型的影响,可以调节采集参数来抵消黑色、反光和透明物体造成的影响,扫描前做好部件准备工作会带来更好的效果,如图 3-2-5 所示。

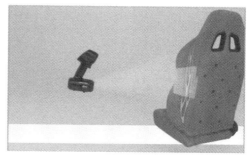

图 3-2-5　Go! SCAN 50 扫描仪的工作原理

3．Go！SCAN 50 扫描仪的工作流程

1）系统启动

将 Go！SCAN 50 扫描仪连接到计算机上，并启动 VXelements 软件。

2）优化扫描仪

使用参照板优化扫描仪，以确保采集精确度。

3）设置采集参数

根据待扫描表面设置快门时间。

4）扫描部件

将扫描仪以"扫过"表面的方式扫描部件。

5）保存并导出数据

保存的数据(.csf)可在 VXelements 软件中重新打开。优化的网格可采用不同文件格式(.stl、.txt 和 .obj 等)导出。

4．Go！SCAN 50 扫描仪的参数

Go！SCAN 50 扫描仪的参数如表 3-2-1 所示。

表 3-2-1　Go！SCAN 50 扫描仪的参数

参　　数	规　　格
重量	0.95 kg
尺寸	150 mm×171 mm×294 mm
测量速率	550 000 次/秒
扫描区域	380 mm×380 mm
光源	白光(LED)
分辨率	0.500 mm
精确度	最高 0.100 mm
定位方法	几何形状/颜色/定位标点
基准距	400 mm
景深	250 mm
部件尺寸范围(建议)	0.3～3.0 m
纹理分辨率	50～150 DPL
纹理颜色	24 位
操作湿度范围(非冷凝)	10%～90%
软件名称	VXelements

【制订工作计划】

为扫描机器猫实体模型制订工作计划，如表 3-2-2 所示。

表 3-2-2 任务 2 的工作计划

步 骤	工 作 内 容

【任务实施】

1. 安全常识

在实施任务过程当中,应当注意用电安全,防止触电等危险事故的发生;扫描仪属于贵重物品,扫描过程中注意轻拿轻放。

2. 工具及资料准备

需准备 Go! SCAN 50 扫描仪、校准板(见图 3-2-6)和机器猫实体模型。

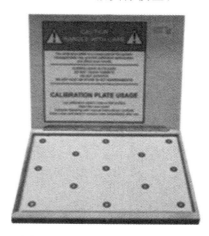

图 3-2-6 Go! SCAN 50 扫描仪和校准板

3. 教师操作演示

1)在部件上定位标点

使用标点可以补偿物体定位信息的不足,确保更高的 3D 扫描精确度、更佳的跟踪、更快的采集,有效恢复扫描位置。在机器猫实体模型上添加标点,如图 3-2-7 所示。

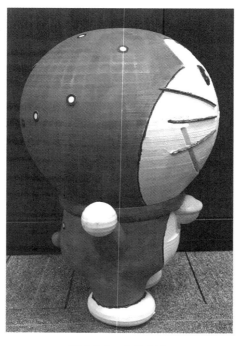

图 3-2-7 定位标点

2）连接系统

将电源插入插座，将电源连接到 USB 电缆上，将 USB 电缆插入计算机的 USB 端口，在最末端，将 USB 电缆接头插入扫描仪，如图 3-2-8 所示。

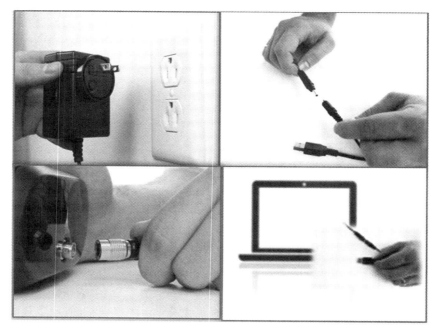

图 3-2-8 连接系统

3）打开扫描仪软件 VXelements

VXelements 的主界面如图 3-1-5 所示。

4）校准扫描仪

当对精确度要求较高时,应对系统进行校准,如果环境温度变化或扫描仪受到撞击,那么建议对扫描仪重新进行校准。

顶部指示条提示可以通过左右倾斜调整扫描仪方向;左侧指示条提示可以通过上下倾斜调整扫描仪方向;右侧指示条提示可以通过上下移动调整扫描仪高度,如图 3-2-9 所示。

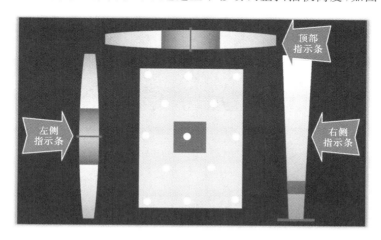

图 3-2-9　扫描仪校准 1

按下触发器按钮,矩形区域(见图 3-2-10)表示各个方向的扫描仪标点位置,10 个位置均位于校准板的中心,但高度不同,开始时高度接近,随后差异增大。

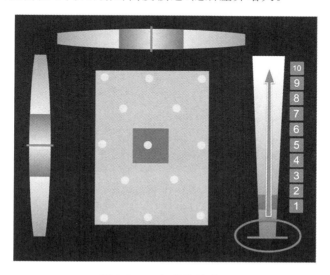

图 3-2-10　扫描仪校准 2

如果扫描仪位于左侧指示条的中心,并且处于适当高度,但是,顶部指示条显示用户未将扫描仪垂直置于校准板上。当顶部指示条的红线移至左侧时,表示扫描仪的背面向左倾斜,如图 3-2-11 所示。

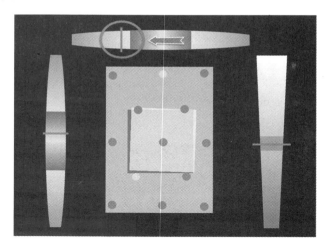

图 3-2-11 扫描仪校准 3

即使白色矩形位于校准板中心,扫描仪也必须采用合理的位置和方向,才能获得所需的正确测量值,在本例中,用户垂直放置扫描仪,但仍需对准校准板的中心。

完成扫描校准后单击"确定"按钮,如图 3-2-12 所示。

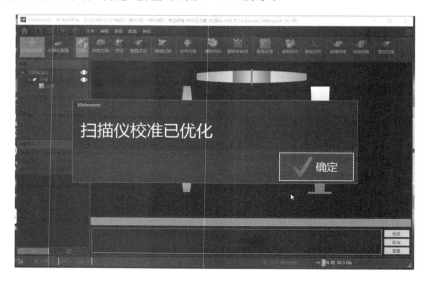

图 3-2-12 扫描仪校准 4

5)扫描机器猫实体模型

(1)单击工具栏"扫描"图标,长按扫描仪"开始"按钮,对机器猫实体模型进行扫描,如图 3-2-13 和图 3-2-14 所示。

(2)扫描工件时,扫描仪距工件表面 30 cm 最佳,扫描视野如图 3-2-15 所示。

扫描时,屏幕左侧会显示测距仪,指示扫描仪与部件之间的距离,如图 3-2-16 所示。

扫描仪上部的 3 个 LED 灯也可以指示距离,如图 3-2-17 所示。

图 3-2-13 开始扫描

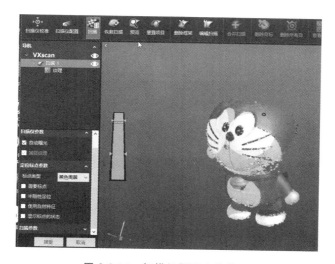

图 3-2-14 扫描机器猫实体模型

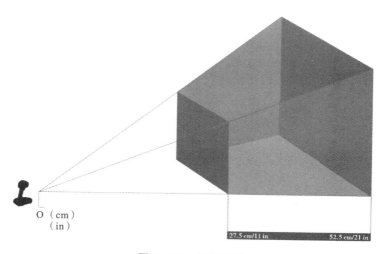

图 3-2-15 扫描视野

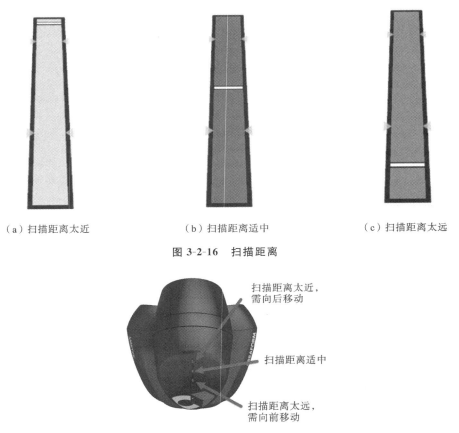

（a）扫描距离太近   （b）扫描距离适中   （c）扫描距离太远

图 3-2-16   扫描距离

扫描距离太近，
需向后移动

扫描距离适中

扫描距离太远，
需向前移动

图 3-2-17   扫描仪上的指示灯

（3）"捕捉纹理"复选框用于打开/关闭纹理摄像头，不使用纹理信息可提高帧频。在选中"应用纹理"复选框后，纹理将投影到表面上；不选中此复选框时，计算时间会缩短，纹理信息就会被记录下来，可在以后对其进行随时添加，如图 3-2-18 和图 3-2-19 所示。

图 3-2-18   捕捉纹理

扫描完机器猫实体模型上身后,把机器猫实体模型倒放过来再继续对其扫描,直至全部扫描完机器猫实体模型以获得完整的扫描数据,如图 3-2-20 所示。

图 3-2-19　扫描机器猫实体模型上身

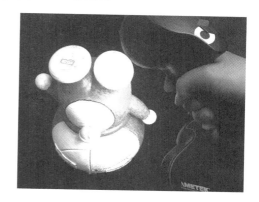

图 3-2-20　扫描机器猫实体模型下身

6)编辑扫描

完成扫描后,单击"编辑扫描"图标以访问选择工具,对所需工具矩形、笔刷、自由形状或选择方式等进行编辑,以获得完整清晰的工件 3D 数据,如图 3-2-21 和图 3-2-22 所示。

图 3-2-21　扫描编辑工具条

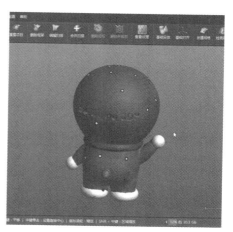

图 3-2-22　扫描编辑后的 3D 数据

7)保存数据

完成扫描及编辑后,可对数据进行保存,以及导出. stl 格式的文件,如图 3-2-23 和图3-2-24 所示。

图 3-2-23　保存任务

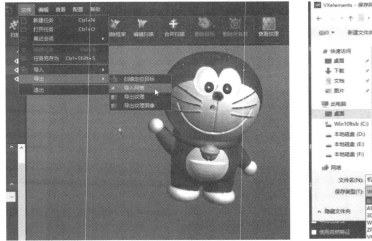

图 3-2-24　保存为.stl格式

4. 学生操作

在教师的指导下进行分组操作,根据扫描步骤,正确使用扫描仪扫描机器猫实体模型,以获得 3D 扫描数据。每组完成后上交扫描数据,由教师对作业进行总结、评价。

5. 工作记录

工作记录如表 3-2-3 所示。

表 3-2-3　任务 2 的工作记录

序　　号	工 作 内 容	工 作 记 录

工作后的思考：

【检验与评估】

1．教师考核

2．小组评价

3．自我评价

【知识拓展】

1．扫描数据定位

在扫描的过程当中如果跟踪丢失（见图 3-2-25），扫描仪当前扫描到的框架会以深紫色显示，要恢复扫描，就要瞄准上一次定位的框架或任何捕获到的定位标点，以确定所需的恢复扫描位置(用绿色矩形选框表示)。然后,用户必须通过扫描仪获取选定区域,恢复扫描流程,如图 3-2-26 所示。

图 3-2-25　扫描数据丢失

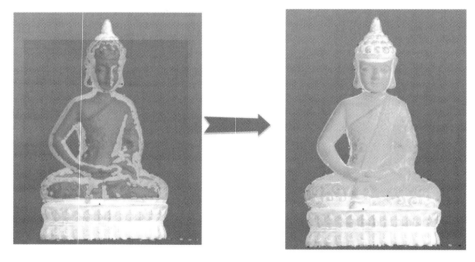

图 3-2-26　恢复扫描

　　如果选定区域缺乏足够的定位信息,那么恢复扫描位置的选框将变为红色,并会显示一则警告消息(见图 3-2-27),此时,只需选择其他区域恢复扫描。

　　当跟踪丢失时,也可以使用一个或几个标点作为继续扫描的位置。这些标点应在跟踪丢失前采集。通常仅需要 1 个标点,但在平坦区域上建议使用3～5个标点。转过拐角时,将扫描仪的手柄与边缘对齐,这便于从一侧轻松过渡到另一侧,如图 3-2-28 所示。

图 3-2-27　缺乏信息警告

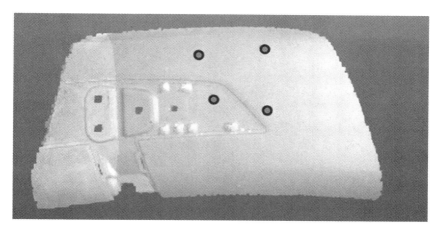

图 3-2-28　使用标点定位

　　还可以使用颜色的自然信息创建虚拟标点，提升几何跟踪能力（与标点类似）。可以在扫描时开启该功能，在扫描过程中可以恢复扫描，使用时，自然特征标点将变为红色。

　　在极少数情况下，自然特征过多会减慢跟踪速度，删除现有的自然特征有助于加快框架定位进程，如图 3-2-29 所示。

　　2. 剪切平面

　　此功能用于自动清理.stl文件并简化会话文件，任何一个平面都可以用于剪切平面，选择"扫描"，选中"使用切平面"框，右击名称框，以添加平面，如图 3-2-30 所示。

　　3. 删除框架

　　在扫描过程中或之后，使用删除框架工具可从模型中删除多余的框架。表面移动或定

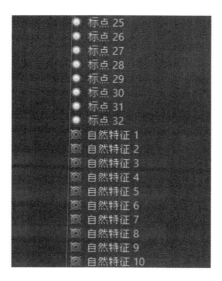
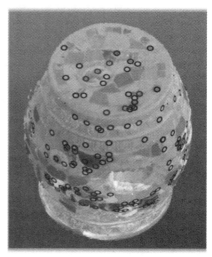

图 3-2-29　使用自然特征定位

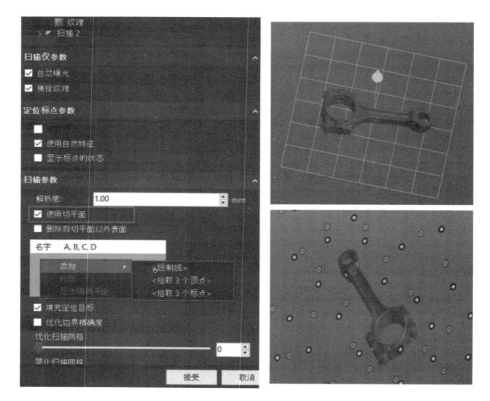

图 3-2-30　剪切平面

位过程中的小差错,会导致向模型添加定位错误的框架,该操作可用于处理此种情况,通过在扫描时删除多余的框架,用户无须在扫描完成后再耗时去编辑表面,甚至可以直接恢复扫描。如果在扫描时发现多余的框架,那么用户可以立即选择"删除框架"选项。

选择"删除框架"时,可以选择多余的区域。通过放大,可精确选择多余的区域,确定选择区域后,包含该点的所有框架均处于选定状态且显示为红色,单击屏幕左侧的项目树细节部分的"+"按钮,即可显示选定框架的列表。

所有框架(红色)都被默认勾选,用户可单击每个框架,逐一查看它们(显示在左下角的列表中)。或者,可按住"Shift"键,同时选择多个框架。

在选择所有多余的框架后,单击底部的"删除框架"按钮,将显示一则警告消息(见图3-2-31),要求进行确认,在经过确认后,就可对剩余框架的表面进行重构。

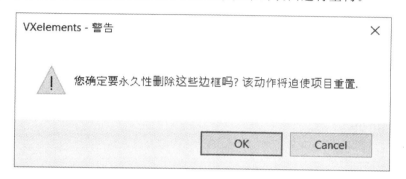

图 3-2-31 删除框架警告

然后单击顶部图标以退出"删除框架"工具,继续扫描。

【思考与练习】

按照正确的操作步骤,利用 Go! SCAN 50 扫描仪扫描图 3-2-32 所示花瓶,最终获得完整的 3D 扫描数据。

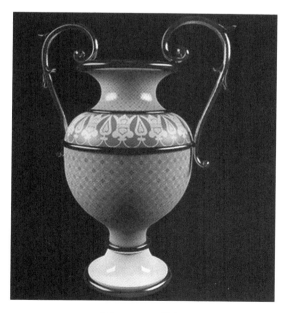

图 3-2-32 花瓶

项目四

3D 打印工艺设计及后置处理

 项目描述

3D 打印技术按照加工方式的不同分为选择性激光烧结成形技术(SLS)、熔融沉积成形技术(FDM)、分层实体制造技术(LOM)、粉末黏结成形技术(3DP)、电子束熔化成形技术(EBM)、立体光固化成形技术(SLA)等六大类。

 项目目标

【知识目标】
认识六大类加工方式,了解它们不同的打印原理。
【能力目标】
根据学校实训条件打印出不同的模型,并能对模型进行适当的后置处理。
【职业素养】
培养学生分析问题和解决问题的能力。

 项目准备

【资源要求】
六大类加工方式的 3D 打印机和网络。
【材料工具准备】
打印材料和后置处理工具。
【相关资料】
模型的数据及后置处理的相关资料。

任务 1 完成熔融沉积成形技术打印

【接受工作任务】

1. 引入工作任务

通过制作芝加哥水塔,掌握 FDM 打印机软件的基本参数设置及打印机的基本操作和打印模型的后置处理。

2. 任务目标及要求

1)任务目标

打印芝加哥水塔,芝加哥水塔如图 4-1-1 所示。

2)任务要求

(1)在 CAD 软件中建立 3D 模型,并输出 .stl 文件。

(2)将 .stl 文件导入软件,调整模型大小和位置。

(3)设置合理的打印参数。

(4)打印模型。

(5)移除打印模型。

(6)除去支撑材料。

(7)后置处理。

【信息收集与分析】

(1)FDM 打印机使用安全常识。

在打印之前要将计算机和 3D 打印机连接好,并初始化打印机。载入模型并将其放在软件窗口的适当位置。检查剩余材料是否足够打印此模型,如果材料不够,请更换一卷新的丝材。

(2)FDM 打印机基本维护。

在 3D 打印菜单中选择"维护"→"维护",然后单击"挤出"按钮。在喷嘴的温度上升到 260 ℃后,打印机就会发出蜂鸣声,将塑料丝材从喷嘴的孔内拉出,稍稍用力,喷嘴就会自动挤出塑料丝材。通过喷嘴挤出的塑料丝材应该是薄、光亮而平滑的。垂直校准程序可以确保打印平台完全沿着 X、Y 和 Z 轴的水平方向打印。多次打印之后喷嘴可能会覆盖一层氧化的塑料。当打印机打印时,氧化的塑料可能会熔化,所以需要定期清洗喷嘴。

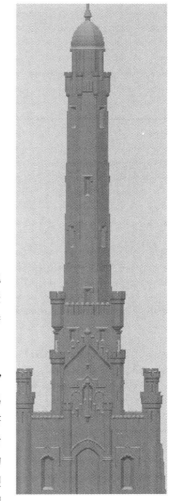

图 4-1-1 芝加哥水塔

(3)FDM 打印机基本操作流程。

启动程序,载入模型,编辑模型,初始化打印机,校准喷嘴,准备打印平台,设置打印参数,打印,移除模型,去除支撑材料,后置处理。

【制订工作计划】

为打印芝加哥水塔制订工作计划,如表 4-1-1 所示。

表 4-1-1 任务 1 的工作计划

步　　骤	工 作 内 容

【任务实施】

1. 安全常识

(1) 打印机一般只能使用生产商提供的电源适配器,否则会有损坏设备及发生火灾的危险。

(2) 为避免燃烧或模型变形,当打印机正在打印或打印刚完成时,禁止用手触摸模型、喷嘴、打印平台或机身其他部分。

(3) 在移除辅助支撑材料时建议操作者佩戴护目镜。

(4) 打印过程会产生轻微的气味,但不会使人感到不适,因此建议在通风良好的环境下使用。此外,在打印时,请尽量使打印机远离气流,因为气流可能会对打印质量造成一定影响。

(5) 请勿使打印机接触到水源,否则可能会造成打印机的损坏。

(6) 在加载模型时,请勿关闭电源或拔出 USB 线,否则会导致模型数据丢失。

(7) 在进行打印机调试时,喷嘴会挤出打印材料,因此请保证此期间喷嘴与打印平台之间至少保持 50 mm 的距离,否则可能会导致喷嘴阻塞。

2. 工具及资料准备

4～5 台 CubePro 打印机、白色 ABS 材料、胶水、铲刀及后置处理工具。

3. 教师操作演示

(1) 打开软件 CubePro-3D Systems,如图 4-1-2 所示。

(2) 设置打印材料,该打印机只能打印 ABS 材料和 PLA 材料,这里选用白色 ABS 材料,如图 4-1-3 所示。

(3) 导入模型"Open Model",如图 4-1-4 所示。

(4) 设置打印参数,如图 4-1-5 所示。打印数据另存为 01. cubepro(数据文件名不能有汉

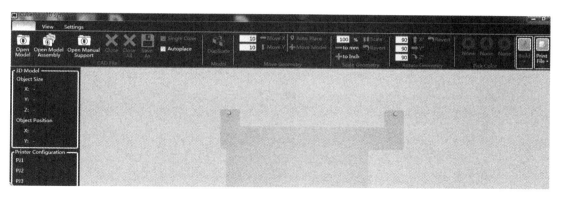

图 4-1-2　CubePro-3D Systems

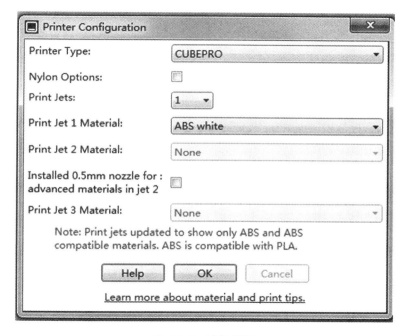

图 4-1-3　选择材料

字,否则该打印机不支持)。

（5）打印时间和耗料情况如图 4-1-6 所示,生成打印模型和支撑情况如图 4-1-7 所示。

（6）用 U 盘将文件 01. cubepro 从计算机拷入 CubePro 打印机（也可通过无线传输实现）中,如图 4-1-8 所示。

4. 学生操作

初始化打印机,校准喷嘴,准备打印平台,设置打印参数,打印模型,移除模型,去除支撑材料,后置处理。

5. 工作记录

工作记录如表 4-1-2 所示。

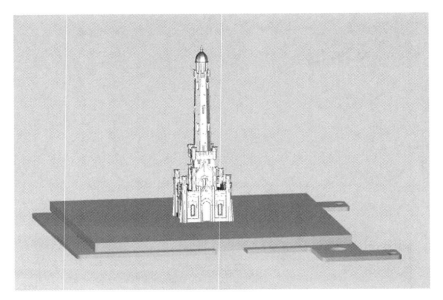

图 4-1-4 芝加哥水塔模型

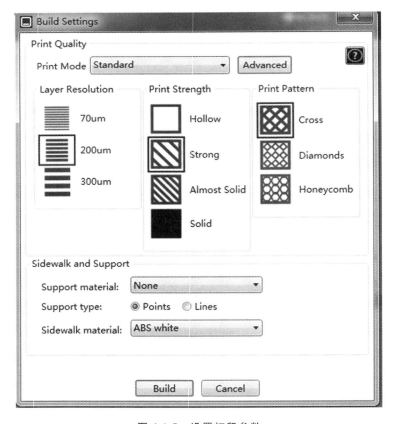

图 4-1-5 设置打印参数

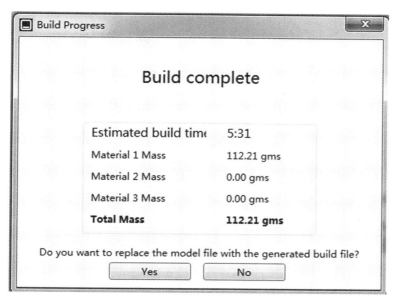

图 4-1-6　打印时间和耗材情况

图 4-1-7　打印模型和支撑情况

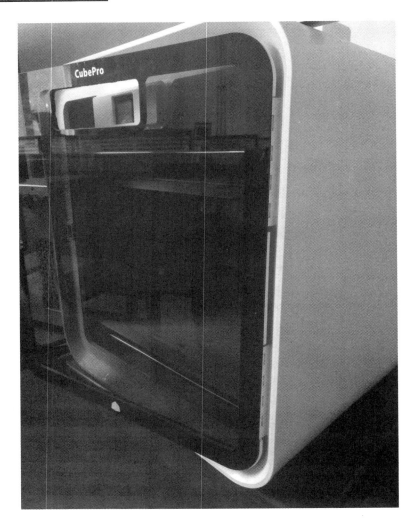

图 4-1-8　CubePro 打印机

表 4-1-2　任务 1 的工作记录

序　　号	工 作 内 容	工 作 记 录

续表

序　　号	工　作　内　容	工　作　记　录

工作后的思考：

【检验与评估】

1. 教师考核

2. 小组评价

3. 自我评价

【知识拓展】

熔融沉积成形技术,这一技术又称为熔化堆积技术、熔融挤出成模技术等,是继立体光固化成形技术和叠层实体快速成形技术后的另一种应用比较广泛的快速成形技术。该技术采用热熔喷头,对半流动状态的材料按CAD分层数据控制的路径进行挤压并沉积在指定的位置以凝固成形、逐层沉积,凝固后形成整个原型或零件。

FDM技术是一种不依靠激光作为成形能源,而将各种材料加热熔化的成形方法。此技术通过熔融材料的逐层固化来构成3D产品,以该技术制造的产品目前的市场占有率约为61%。

FDM技术对成形材料的要求是熔融温度低、黏度低、黏结性好、收缩率小。影响材料挤出过程的主要因素是黏度。材料的黏度低、流动性好,阻力就小,这有助于材料顺利的挤出。材料的流动性差,需要很大的送丝压力才能挤出,会增加喷头的启停响应时间,从而影响成形精度。

FDM 技术的材料主要为丝状热塑性材料,常用的材料有 ABS、PC、尼龙、人造橡胶、石蜡等。目前用于 FDM 技术的材料主要是美国 Stratasys 公司的丙烯腈-丁二烯-苯乙烯聚合物(ABS P400)细丝、甲基丙酸烯-丙烯腈-丁二烯-苯乙烯聚合物(ABSi P500,医用)细丝、消失模铸造蜡(ICW06 Wax)丝、塑胶(Elastomer E20)丝等。

【思考与练习】
简述熔融沉积成形技术的优势与缺陷。

任务 2　完成立体光固化成形技术打印

【接受工作任务】

1. 引入工作任务

利用立体光固化成形技术打印测试模型,如图 4-2-1 所示。

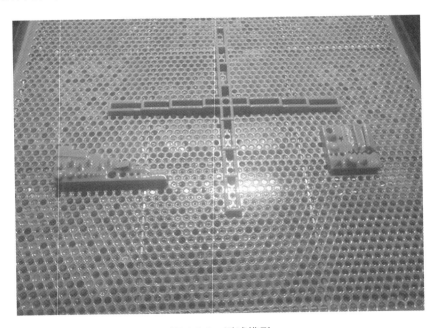

图 4-2-1　测试模型

2. 任务目标及要求

1)任务目标

用光固化打印机(见图 4-2-2)打印测试模型。

2)任务要求

(1)导入模型进行编辑、切片。

(2)设定打印参数、打印模型。

(3)取模型后置处理。

图 4-2-2 易加三维 iPLA450Pro 3D 打印机

【信息收集与分析】

1. 设备对环境的要求

1) 温湿度要求

由于激光器工作和树脂的保存及使用有环境要求,必须确保环境条件达到以下要求,否则会导致设备无法正常使用。

湿度小于 40%;温度为 20～26 ℃;通风以保持室内空气清洁;照明,避免紫外线(可采购暖色灯(无紫外线成分)或贴防紫外线膜)。

2) 空间及地面要求

应预留打印机主体空间,以及空调和除湿机的空间;设备周边需预留不小于 80 cm 的间隙,用于散热;地面要求坚硬、平整,表面不平度要求不大于 5 mm/m²;地面易于清理;周边环境无振动。

2. 设备性能参数

设备性能参数如表 4-2-1 所示。

表 4-2-1 设备性能参数

参　　数	规　　格
分层厚度	0.05～0.2 mm 可选
成形精度	±0.1 mm(100 mm 以内)或 ±0.1%(大于 100 mm)
扫描速度	最大 10 m/s
激光类型	二极管泵浦固体激光器 Nd:YVO4

续表

参　数	规　格
激光波长	355 nm
扫描振镜	德国进口,Scanlab
光斑大小	小于 0.2 mm,一般为 0.1~0.15 mm
打印材料	355 nm 光敏树脂材料
加热方式	PTC 加热板加热
数据接口	STL、SLC*
电源	220 V,50 Hz
功率	2 kW

【制订工作计划】

为打印测试模型制订工作计划,如表 4-2-2 所示。

表 4-2-2　任务 2 的工作计划

步　骤	工 作 内 容

【任务实施】

1. 安全常识

安全常识如图 4-2-3、表 4-2-3 和表 4-2-4 所示。

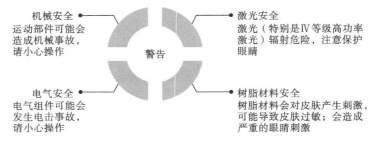

图 4-2-3　安全操作要求

表 4-2-3　安全操作规程

图　标	含　义
	当心电磁辐射
	当心电击危险
	当心可能对人或设备的危害
	当心激光危害
	必须佩戴手套 注意:在取件及后置处理洗件过程中,推荐佩戴丁腈手套
	必须佩戴口罩 注意:在取件及后置处理清洗等过程中,推荐佩戴 3M 9041 口罩
	必须佩戴眼镜 注意:观察制作过程或涉及激光操作时,建议佩戴防紫外线眼镜;取件及后置处理时,建议佩戴防溅眼镜,防止树脂或相应的溶剂溅入眼睛

表 4-2-4 安全生产规程

图　标	含　义
	禁止吸烟
	禁止饮食
	禁止明火

2. 工具及资料准备

1 台光固化打印机 iSLA450、光敏树脂材料、手套、铲刀、酒精、托盘、纸等。

3. 教师操作演示

(1) 任务讲解,导入文件,如图 4-2-4 所示。

① 导入 CAD 文件时,管理文件分辨率;② 导入时自动修复文件;③ 导入原生色彩信息。

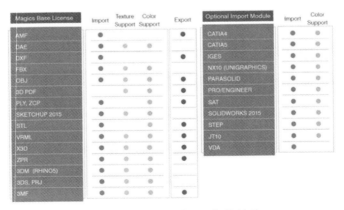

图 4-2-4 将文件导入切片软件

(2) 加工前准备,打印机上电,导入打印参数,如图 4-2-5 所示。

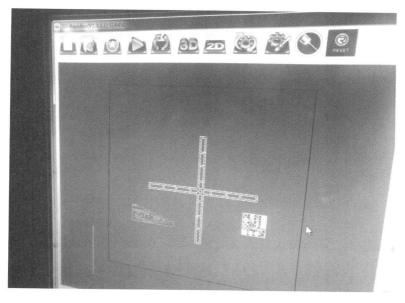

图 4-2-5　测试件数据

（3）调整树脂液位，自动刮出气泡，如图 4-2-6 所示。

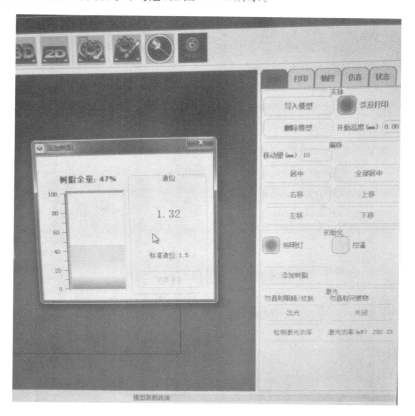

图 4-2-6　检测树脂剩余量

（4）检测激光功率，如图 4-2-7 所示。

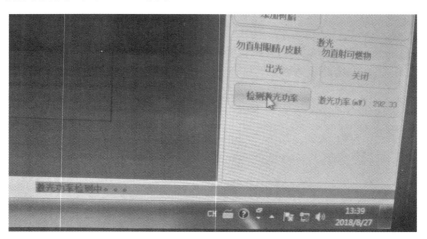

图 4-2-7 检测激光功率

（5）设置打印参数，如图 4-2-8 所示。

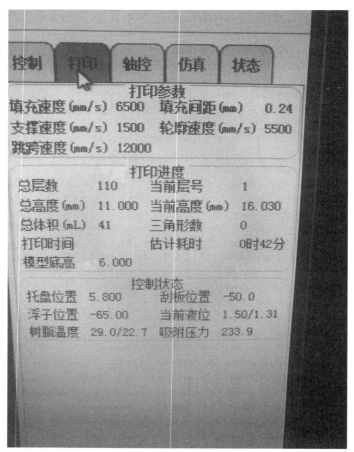

图 4-2-8 设置打印参数

（6）打印测试模型，如图4-2-9所示。

图 4-2-9 完成打印

（7）把取下的打印作品放入酒精槽内，溶解10 min后去除底部支撑，如图4-2-10所示。

图 4-2-10 去除底部支撑

（8）后置处理，如图 4-2-11 所示。

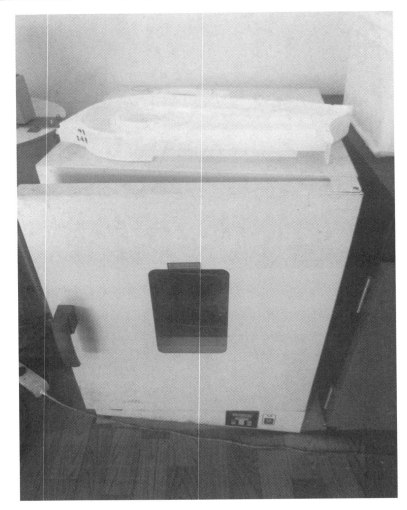

图 4-2-11　后置处理

4. 学生操作

调整树脂液位是否到位，检查打印参数是否正确，打印模型，后置处理。

5. 工作记录

工作记录如表 4-2-5 所示。

表 4-2-5　任务 2 的工作记录

序　　号	工 作 内 容	工 作 记 录

序　号	工作内容	工作记录

工作后的思考：

【检验与评估】

1. 教师考核

2. 小组评价

3. 自我评价

【知识拓展】

立体光固化成形技术的缺陷如下：

（1）立体光固化成形系统造价高昂，使用和维护成本过高；

（2）立体光固化成形系统是对液体进行操作的精密设备，对工作环境要求苛刻；

（3）成形件多为树脂类，强度、刚度、耐热性有限，不利于长时间保存；

（4）预处理软件与驱动软件运算量大，与加工效果关联性非常高。

立体光固化成形技术发展到今天已经比较成熟，各种新的成形工艺不断涌现，特别是在微机械制造和生物医学两方面的应用。

近年来，微型机电系统（Micro Electro Mechanical Systems，MEMS）和微电子快速发展，使得微机械制造成为具有极大研究价值和经济价值的热点。微光固化快速成形 μ-SL（Micro Stereolithography）便是在传统的立体光固化成形技术基础上，面向微机械制造需求而提出的一种新型的快速成形技术。目前提出并实现的 μ-SL 技术主要包括基于单光子吸收效应

的 μ-SL 技术和基于双光子吸收效应的 μ-SL 技术,可将传统的 SLA 技术精度提高到亚微米级,这开拓了快速成形技术在微机械制造方面的应用。

在生物医学方面,立体光固化成形技术为不能制作或难以用传统方法制作的人体器官模型提供了一种新的方法,基于 CT 图像的立体光固化成形技术是应用于假体制作、复杂外科手术的规划、口腔颌面修复的有效方法,如图 4-2-12 所示。目前在生命科学研究的前沿领域出现的一门新的交叉学科——组织工程,该学科是立体光固化成形技术非常有前景的一个应用领域。基于立体光固化成形技术可以制作具有生物活性的人工骨支架,该支架具有很好的力学性能和与细胞的生物相容性,且有利于成骨细胞的黏附和生长。

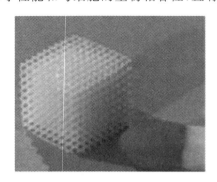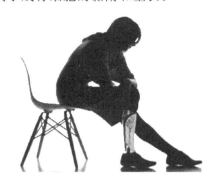

图 4-2-12　立体光固化成形技术在医疗领域的应用

【思考与练习】

分析曝光时间的长短对模型成形的影响。

任务 3　认识分层实体制造技术打印

【接受工作任务】

1. 引入工作任务

利用分层实体制造技术打印模型,如图 4-3-1 所示。

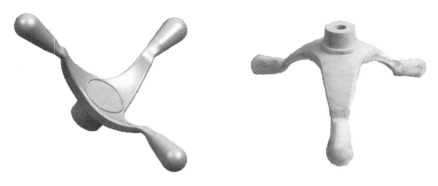

图 4-3-1　利用分层实体制造技术打印模型

2. 任务目标及要求

1）任务目标

利用分层实体制造技术打印模型。

2）任务要求

（1）软件处理数据模型。

（2）设置打印参数。

（3）打印。

（4）后置处理。

【信息收集与分析】

1. 材料组成

1）薄片材料

根据对原型件性能要求的不同,薄片材料可分为纸片材、金属片材、陶瓷片材、塑料薄膜和复合材料片材,其中纸片材应用最多。对基体薄片材料的性能要求为抗湿性能好、良好的浸润性能好、抗拉强度高、收缩率小、剥离性能好。

2）热熔胶

用于 LOM 纸基的热熔胶按基体树脂划分,主要有乙烯-醋酸乙烯酯共聚物型热熔胶、聚酯类热熔胶、尼龙类热熔胶或其混合物。热熔胶要求的性能为良好的热熔冷固性能（室温下固化）、在反复"熔融-固化"条件下其物理化学性能稳定、在熔融状态下与薄片材料有较好的涂挂性和涂匀性、足够的黏结强度、良好的废料分离性能。

2. 分层实体制造技术在模具行业的应用

随着汽车制造业的迅猛发展,车型更新换代的周期不断缩短,导致了对整车配套的各主要部件的设计也提出了更高要求。其中,对汽车车灯组件的设计,除要求在内部结构满足装配和使用要求外,其外观的设计也必须达到与车体外形的完美统一。车灯设计与生产的专业厂家的传统的开发手段受到了严重的挑战。快速成形技术的出现,较好地迎合了对车灯结构与外观开发的需求。下面是某车灯配件公司为国内某大型汽车制造厂开发的轿车车灯 LOM 原型,通过与整车的装配检验和评估,显著提高了该组车灯的开发效率和成功率。

【制订工作计划】

为打印模型制订工作计划,如表 4-3-1 所示。

表 4-3-1 任务 3 的工作计划

步　　骤	工　作　内　容

步　　骤	工　作　内　容

【任务实施】

1. 安全常识

打印时,加工室温度过高,容易引发火灾,需要专门的人看守。在成形件完全冷却后,再进行余料去除或进行加压冷却,减小由于成形件内部的热残余应力而产生的变形,提高原型件尺寸的稳定性。

2. 工具及资料准备

LOM 打印机、打印纸、后置处理工具。

3. 教师操作演示

CAD 模型的 .stl 文件转换,打印机装纸,设置设备精度,设置制作参数,打印模型,去除余料,后置处理。

4. 学生操作

检查设备精度设置是否合理,检查打印参数是否正确,打印模型,去除余料,后置处理。

5. 工作记录

工作记录如表 4-3-2 所示。

表 4-3-2　任务 3 的工作记录

序　　号	工　作　内　容	工　作　记　录

工作后的思考:

【检验与评估】

1. 教师考核

_____

_____

_____

2. 小组评价

_____

_____

_____

3. 自我评价

_____

_____

_____

【知识拓展】

这里完成后置处理只需用手撕掉连接在模型表面的残余薄膜即可,由于胶水黏结作用有限,虽然模型外观粗糙,但是不建议进行打磨处理,如图 4-3-2 所示。

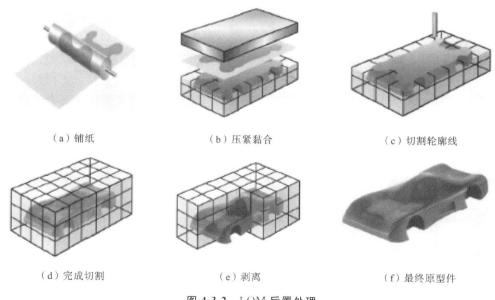

（a）铺纸　　　　　　　（b）压紧黏合　　　　　　　（c）切割轮廓线

（d）完成切割　　　　　　（e）剥离　　　　　　（f）最终原型件

图 4-3-2　LOM 后置处理

【思考与练习】

该任务主要的打印参数如激光切割速度、加热辊温度与压力、激光能量、切碎网格尺寸分别为多少?

任务 4　完成电子束熔化成形技术打印

【接受工作任务】

1. 引入工作任务

利用瑞典的 Arcam AB 公司 EBM 打印机（见图 4-4-1）打印发动机尾椎，如图 4-4-2 所示。

图 4-4-1　EBM 打印机

图 4-4-2　发动机尾椎

2. 任务目标及要求

1）任务目标

打印发动机尾椎。

2）任务要求

（1）熟悉 EBM 技术的工作原理。

（2）掌握 EBM 技术参数的设定。

（3）打印过程中的注意事项。

【信息收集与分析】

1. EBM 技术的工作原理

电子束熔化成形技术是一种金属增材制造技术，最早由瑞典 Arcam AB 公司研发并取得专利。EBM 技术的工作原理与 SLM 技术的工作原理相似，都是将金属粉末完全熔化后成形。其主要区别在于，SLM 技术是使用激光来熔化金属粉末的，而 EBM 技术是使用高能电子束来熔化金属粉末的。

2. 高能电子束熔化金属粉末

EBM 技术在打印之前，先铺设好一层金属粉末，电子束会多次地快速扫描金属粉末层并使其预热,金属粉末处于轻微烧结状态而不至于被熔化,这是 EBM 技术独有的一个步骤。SLM 技术预热温度最高可达 300 ℃,而 EBM 技术可采用电子束扫描对每一层金属粉末进行预热,使零件在 600~1200 ℃ 范围内加工成形。图 4-4-3 所示的是电子束的预热过程,由于电子束可以快速跳转,看起来有多条扫描线在加热金属粉末。

图 4-4-3　电子束的预热过程

【制订工作计划】

为打印发动机尾椎制订工作计划,如表 4-4-1 所示。

表 4-4-1　任务 4 的工作计划

步　　骤	工　作　内　容

【任务实施】

1. 安全常识

必须穿着生产安全防护服,佩戴护目镜,注意用电安全,防止烫伤、灼伤。EBM 技术对零件的制造过程需要在高真空环境中进行,一方面是防止电子散射,另一方面是某些金属(如钛)在高温条件下会变得非常活泼,真空环境可以防止金属的氧化。

2. 工具及资料准备

1 台 EBM 打印机、Ti-6Al-4V 材料、后置处理设备及工具。

3. 教师操作演示

CAD 模型的.stl 文件转换,打印机装料,设置打印机参数,打印模型,后置处理(条件不具备的学校,教师可以播放相关视频,通过 PPT 和图片让学生了解 EBM 技术)。

4. 学生操作

检查打印机参数设置是否合理,打印模型,后置处理。

5. 工作记录

工作记录如表 4-4-2 所示。

表 4-4-2 　任务 4 的工作记录

序　　号	工 作 内 容	工 作 记 录

工作后的思考:

【检验与评估】

1. 教师考核

2. 小组评价

3. 自我评价

_____

_____

_____

【知识拓展】

1. EBM 技术的优势

（1）电子束的能量转换效率非常高,远高于激光的,因此能量密度高,金属粉末熔化速度更快,可以得到更快的成形速度,且节省能源。

（2）高能量密度能够熔化熔点高达 3400 ℃的金属粉末。

（3）电子束的扫描速度远高于激光的,因此在造型过程中可利用电子束对每一层金属粉末扫描、预热以提高粉末的温度。经过预热的金属粉末在造型后残余应力较小,在特定形状的制造上会有优势,且无须热处理。

2. EBM 技术的限制

（1）金属粉末被电子束进行预热后会变成轻微烧结的状态,制造结束后,采用 EBM 技术的未造型金属粉末需要通过喷砂等工艺去除,若是复杂造型内部,则会有难以去除的问题。

（2）需要额外的系统设备以制造真空工作环境,因此设备较为庞大。

（3）采用 EBM 技术成形的零件表面粗糙度大于 SLM 技术的。

3. EBM 技术的应用

EBM 技术可用于模型、样机的制造,也可用于复杂形状的金属零件的小批量生产。EBM 技术可广泛应用于航空航天及工业领域的轻量化整体结构、高性能复杂零部件的制造（如制造起落架部件和火箭发动机部件等）,以及医疗领域多孔结构骨科植入物的制造。

【思考与练习】

对比 EBM 技术与 SLM 技术的差异。

任务5 完成粉末黏结成形技术打印

【接受工作任务】

1. 引入工作任务

采用粉末黏结成形技术打印彩色花球,如图 4-5-1 所示。

3DP(Three Dimensional Printing and Gluing)打印机如图 4-5-2 所示。

2. 任务目标及要求

1）任务目标

打印彩色花球。

图 4-5-1　彩色花球

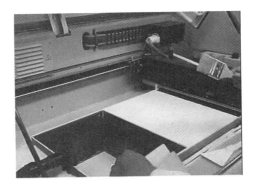

图 4-5-2　3DP 打印机

2）任务要求

（1）下载彩色花球的.stl 文件数据，编辑后载入到 3DP 打印机。

（2）材料装填。

（3）设置打印参数。

（4）彩色花球的后置处理。

【信息收集与分析】

1. 3DP 简介及原理

3DP 也称为黏合喷射（Binder Jetting）、喷墨粉末打印（Inkjet Powder Printing）。从工作方式来看，3D 印刷与传统 2D 喷墨打印最接近。与 SLS 技术一样，3DP 技术也是通过将粉末黏结成整体来制作零部件的。不同之处在于，它不是通过激光熔融的方式黏结，而是通过喷头喷出的黏结剂来黏结的。其详细工作原理如下。

（1）3DP 技术的供料方式与 SLS 技术的一样，供料时将粉末通过水平压辊平铺于打印平台之上。

（2）将带有颜色的胶水通过加压的方式输送到打印头中存储。

（3）打印的过程类似 2D 喷墨打印机，首先系统会根据 3D 模型的颜色将彩色的胶水进行混合并选择性地喷在粉末平面上，粉末遇胶水后会黏结为实体。

（4）完成一层黏结后，打印平台下降，水平压棍再次将粉末铺平，然后再开始新一层的黏结，如此反复层层打印，直至整个模型黏结完毕为止。

（5）完成打印后，回收未黏结的粉末，吹净模型表面的粉末，再次将模型用透明胶水浸泡，此时模型就具有了一定的强度。

2. 粉末材料如何选择

从 3D 打印技术的工作原理可以看出，其成形粉末需要具备材料成形性能好、成形强度高、粉末粒径较小、不易团聚、滚动性好、密度和孔隙率适宜、干燥硬化快等性质。可以使用的原型材料有石膏粉末、淀粉、陶瓷粉末、金属粉末、热塑材料或其他一些有合适粒径的粉末等。

成形粉末部分由填料、黏结剂、添加剂等组成。

（1）相对其他条件而言，粉末的粒径非常重要。粒径小的颗粒可以提供相互间较强的范德瓦尔兹力。但滚动性较差，且打印过程中易扬尘，导致打印头堵塞；粒径大的颗粒滚动性较好,但是会影响模具的打印精度。粉末的粒径根据所使用打印机类型及操作条件的不同,其值为 $1\sim100~\mu m$。需要选择能快速成形且成形性能较好的材料,可选择石英砂、陶瓷粉末、石膏粉末、聚合物粉末(如聚甲基丙烯酸甲酯、聚甲醛、聚苯乙烯、聚乙烯、石蜡等)、金属氧化物粉末(如氧化铝等)和淀粉等作为材料的填料主体。选择与之配合的黏结剂可以达到快速成形的目的。加入部分粉末黏结剂可起到加强粉末成形强度的作用,其中聚乙烯醇、纤维素(如聚合纤维素、碳化硅纤维素、石墨纤维素、硅酸铝纤维素等)、麦芽糊精等可以起到加固作用,但是其纤维素链长应小于打印时成形缸每次下降的高度,胶体二氧化硅的加入可以使得液体黏结剂喷射到粉末上时迅速凝胶成形。

（2）除了简单混合,将填料用黏结剂(聚乙烯吡咯烷酮等)包覆并干燥,这样可更均匀地将黏结剂分散于粉末中,便于将喷出的黏结剂均匀渗透进粉末内部。

（3）成形材料除了填料和黏结剂两个主体部分外,还需要加入一些粉末助剂调节其性能,可加入一些固体润滑剂以增加粉末滚动性,如氧化铝粉末、可溶性淀粉、滑石粉等,这有利于铺粉层薄、均匀。

（4）加入二氧化硅等密度大且粒径小的颗粒以增加粉末密度。减小孔隙率,防止打印过程中黏结剂过分渗透。

（5）加入卵磷脂以减少打印过程中粒径小的颗粒的飞扬及保持打印形状的稳定性等。另外,为防止粉末由于粒径过小而团聚,需采用相应方法对粉末进行分散。

【制订工作计划】

为打印彩色花球制订工作计划,如表 4-5-1 所示。

表 4-5-1　任务 5 的工作计划

步　骤	工　作　内　容

【任务实施】

1. 安全常识

安全生产防护服、手套、口罩等安全防护用品。

2. 工具及资料准备

1 台 3DP 打印机、粉末材料、黏结剂、后置处理工具。

3. 教师操作演示

下载计算机数据模型,软件分层切片,数据准备,打印模型,后置处理。条件不具备的学校,教师可以播放相关视频,通过 PPT 和图片让学生了解 EBM 技术。

4. 学生操作

准备打印数据,打印模型,后置处理。

5. 工作记录

工作记录如表 4-5-2 所示。

表 4-5-2　任务 5 的工作记录

序　号	工 作 内 容	工 作 记 录

工作后的思考:

【检验与评估】

1. 教师考核

2. 小组评价

3. 自我评价

【知识拓展】

后置处理工序及需要配置的相关配件或工具如下。

1. 取件

使用毛刷拨开覆盖在模型上面的粉体，从材料缸体内将模型取出，如图4-5-3和图4-5-4所示。

2. 清理残余粉体

使用风枪将附着在模型表面的粉体吹干净，如图4-5-5所示。

3. 渗透处理

使用喷壶对模型喷渗透剂，增加模型色泽及强度，放置模型至干燥，如图4-5-6所示。

4. 粉体回收处理

用粉末回收机器吸取残留在设备内部的粉体，并筛选粉末，以保证回收的粉末能继续使用。

图4-5-3 人工操作

图4-5-4 人工取模型

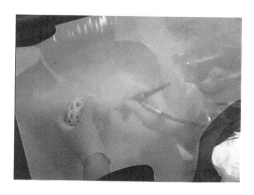

图4-5-5 清理模型

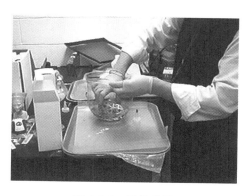

图4-5-6 清洗模型

【思考与练习】

3DP 成形粉末部分由_____、_____、_____等组成。

任务 6　完成选择性激光烧结成形技术打印

【接受工作任务】

1. 引入工作任务

通过表环(见图 4-6-1)的制作,熟悉 SLS 技术基本参数的设置,以及打印机的基本操作和打印模型的后置处理。

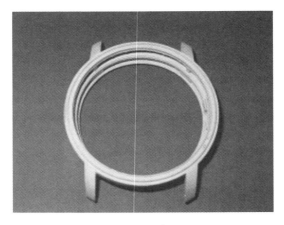

图 4-6-1　表环

2. 任务目标及要求

1)任务目标

打印表环。

2)任务要求

(1)用设计软件生产表环的. stl 文件。

(2)将. stl 文件导入软件,调整模型大小和位置。

(3)调整打印机,设置合理的打印参数。

(4)打印模型。

(5)移除打印模型。

(6)除去支撑材料。

(7)后置处理。

【信息收集与分析】

1. 金属打印指导

金属打印指导如图 4-6-2 所示。

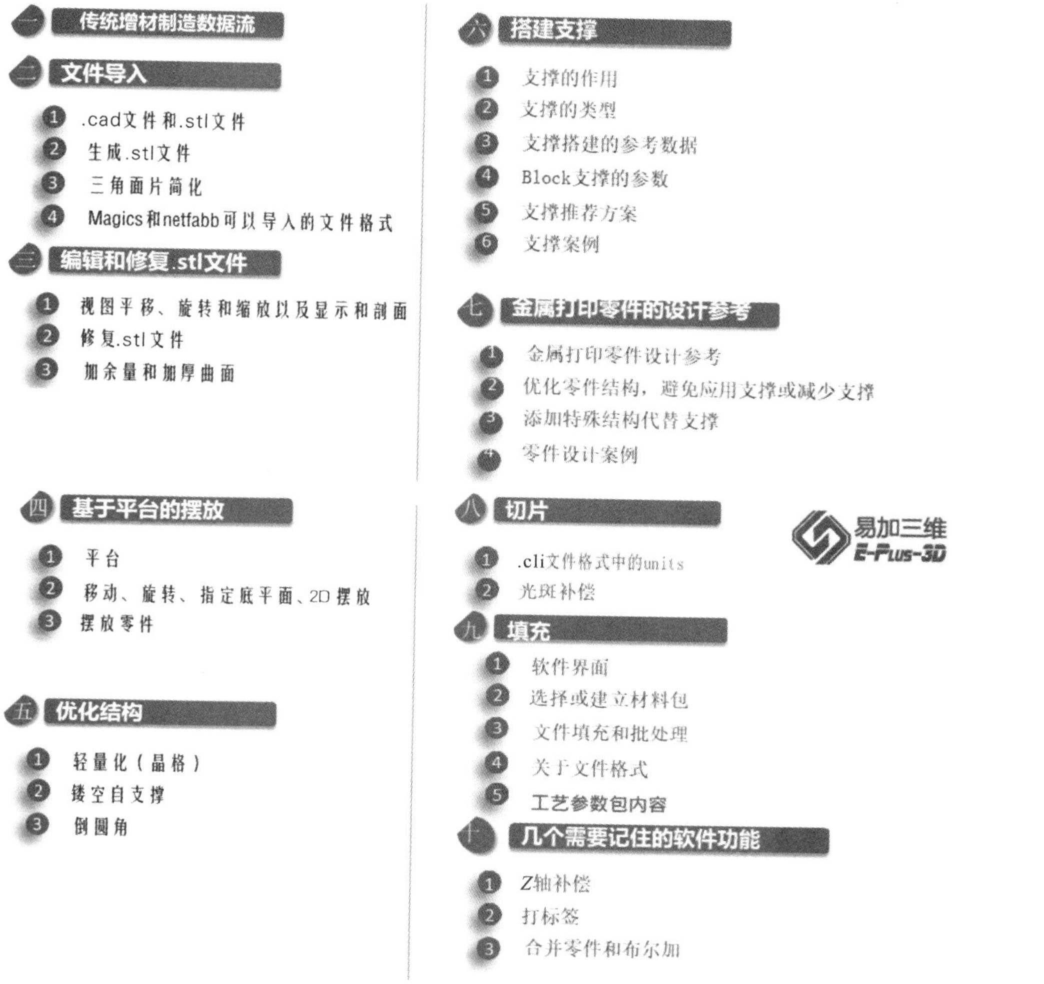

一　传统增材制造数据流

二　文件导入
1. .cad文件和.stl文件
2. 生成.stl文件
3. 三角面片简化
4. Magics和netfabb可以导入的文件格式

三　编辑和修复.stl文件
1. 视图平移、旋转和缩放以及显示和剖面
2. 修复.stl文件
3. 加余量和加厚曲面

四　基于平台的摆放
1. 平台
2. 移动、旋转、指定底平面、2D摆放
3. 摆放零件

五　优化结构
1. 轻量化（晶格）
2. 镂空自支撑
3. 倒圆角

六　搭建支撑
1. 支撑的作用
2. 支撑的类型
3. 支撑搭建的参考数据
4. Block支撑的参数
5. 支撑推荐方案
6. 支撑案例

七　金属打印零件的设计参考
1. 金属打印零件设计参考
2. 优化零件结构，避免应用支撑或减少支撑
3. 添加特殊结构代替支撑
4. 零件设计案例

八　切片
1. .cli文件格式中的units
2. 光斑补偿

九　填充
1. 软件界面
2. 选择或建立材料包
3. 文件填充和批处理
4. 关于文件格式
5. 工艺参数包内容

十　几个需要记住的软件功能
1. Z轴补偿
2. 打标签
3. 合并零件和布尔加

易加三维
E-PLUS-3D

图 4-6-2　金属打印指导

2．SLS 技术特点

1）快速原型制造

SLS 技术能够快速制造模型，从而缩短从设计到成品的时间，可以使客户更加快速、直观地看到最终产品的原型。

2）新型材料的制备及研发

采用 SLS 技术可以研制一些新型的粉末颗粒以加强复合材料的强度。

3）小批量、特殊零件的制造加工

当遇到一些小批量、特殊零件的制造需求时，利用传统方法制造往往成本较高，而利用 SLS 技术可以快速有效地解决这个问题，从而降低成本。

4）快速模具和工具制造

目前，随着工艺水平的提高，SLS 技术制造的部分零件可以直接作为模具使用。

5）逆向工程

利用3D扫描工艺等技术，可以利用SLS技术在没有图纸和CAD模型的条件下按照原有零件进行加工，根据最终零件构造成原型的CAD模型，从而实现逆向工程的应用。

6）在医学上的应用

由于SLS技术制造的零件具有一定的孔隙率，因此可以用于人工骨骼制造。已经有临床研究证明，这种人工骨骼的生物相容性较好。

【制订工作计划】

为打印表环制订工作计划，如表4-6-1所示。

表 4-6-1 任务6的工作计划

步　　骤	工 作 内 容

【任务实施】

1. 安全常识

安全防护图片如图4-6-3所示。

2. 工具及资料准备

1台EP-250打印机（见图4-6-4）、不锈钢316L材料（见图4-6-5）、防护装备、后置处理工具及设备。

3. 教师操作演示

（1）加工前准备，用酒精清洗底板，如图4-6-6所示。

（2）放置底板于3D打印机上，如图4-6-7所示。

（3）初步放置底板，不要上紧，如图4-6-8所示。

（4）用刀口尺调平底板，如图4-6-9所示。

（5）检测铺粉车（移动200 mm），调整刮刀，调整铺粉车间隙，松开螺钉使刮刀贴合到底板表面，如图4-6-10所示。

（6）底板下降0.1 mm，手动铺粉，检测间隙，刮刀刮过底板表面，能若隐若现看到底板即可，如图4-6-11所示。

图 4-6-3　安全防护图片

（7）加粉至料缸，一般加粉高度是零件高度的 2 倍，如图 4-6-12 所示。

（8）升高料缸高度，使材料平面稍高于工作台表面，创造打印平面，如图 4-6-13 所示。

（9）安装吸风盒，如图 4-6-14 所示。

（10）清洁保护镜（激光），用激光中心查看边缘，如图 4-6-15 所示。

（11）关闭保护舱门，充惰性气体——氩气，使氧的质量分数降至 0.001% 以下，如图 4-6-16 所示。

（12）导入零件数据和支撑数据，如图 4-6-17 所示。

（13）打开冷却气。

（14）打开振镜激光，打开电动机，重新铺粉（复位）。

图 4-6-4　EP-250 打印机

图 4-6-5　不锈钢 316 L 材料

图 4-6-6 用酒精清洗底板

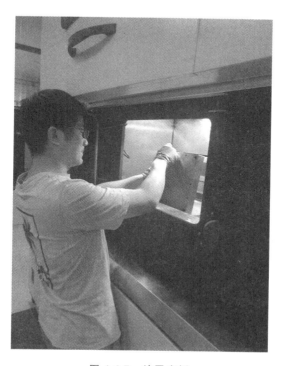

图 4-6-7 放置底板

图 4-6-8　初步放置底板

图 4-6-9　用刀口尺调平底板

图 4-6-10 调整刮刀间隙

图 4-6-11 调整后刮刀间隙

图 4-6-12   手动加粉至料缸

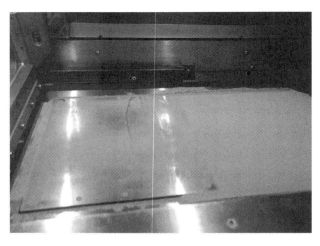

图 4-6-13   创造打印平面

图 4-6-14 安装吸风盒

图 4-6-15 清洁保护镜

图 4-6-16 关闭保护舱门

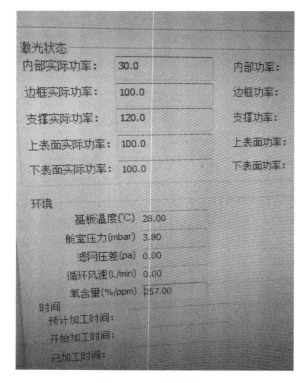

图 4-6-17　参数显示

（15）手动扫描当前层（首层），需要先启动风机（2 遍）。

（16）单击"开始加工"按钮，如图 4-6-18 所示。

图 4-6-18　加工过程

（17）加工完毕后，冷却，打开舱门，对工件进行去应力处理，如图 4-6-19 所示。

（18）线切割去除零件，修磨支撑接触面处理，如图 4-6-20 所示。

（19）表面处理，喷砂和磨粒流抛光，如图 4-6-21 所示。

图 4-6-19　热处理去应力

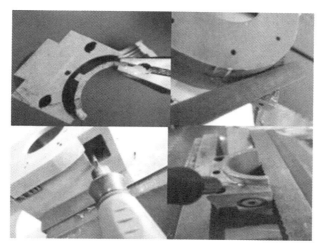

图 4-6-20　修磨支撑接触面处理

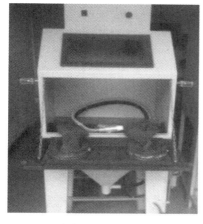

（a）喷砂（表面处理）　　　　　　　　（b）磨粒流抛光（表面处理）

图 4-6-21　表面处理

4. 学生操作

准备打印数据,打印模型,后置处理。

5. 工作记录

工作记录如表 4-6-2 所示。

表 4-6-2　任务 6 的工作记录

序　号	工 作 内 容	工 作 记 录

工作后的思考:

【检验与评估】

1. 教师考核

2. 小组评价

3. 自我评价

【知识拓展】

选择性激光烧结成形技术由美国得克萨斯大学奥斯汀分校的 C. R. Dechard 开发,主要利用粉末材料在激光照射下高温烧结的基本原理,通过计算机控制光源定位装置以实现精确定位,然后逐层烧结堆积成形。

　　SLS技术的工作过程与3DP技术的相似,都是基于粉末床进行的。二者的区别在于3DP技术是通过喷射黏结剂来黏结粉末的,而SLS技术是利用红外激光来烧结粉末的。先用铺粉滚轴铺一层粉末材料,通过打印设备中的恒温设施将其加热至恰好低于该粉末烧结点的某一温度,接着激光束在粉层上照射,使被照射的粉末温度升至熔化点之上,再进行烧结并与下面已制作成形的部分实现黏结。在一个层面完成烧结之后,打印平台下降一个层厚的高度,铺粉系统为打印平台铺上新的粉末材料,然后控制激光束再次照射进行烧结,如此循环往复,层层叠加,直至完成整个3D物体的打印工作为止。

　　【思考与练习】

　　打印陶瓷材料时的注意事项有哪些?

参 考 文 献

[1] 高帆.3D打印技术概论[M].北京:机械工业出版社,2015.

[2] 王运赣,王宣.3D打印技术[M].武汉:华中科技大学出版社,2014.